Verständliche Wissenschaft Band 81

D1720466

Erich Thenius

Versteinerte Urkunden

Die Paläontologie als Wissenschaft
vom Leben in der Vorzeit

Dritte, neu bearbeitete Auflage

Mit 93 Abbildungen

Springer-Verlag
Berlin Heidelberg New York 1981

Herausgeber: Professor Dr. MARTIN LINDAUER
Zoologisches Institut der Universität
Röntgenring 10, D-8700 Würzburg

Dr. phil. ERICH THENIUS
o. Professor für Paläontologie
Institut für Paläontologie der Universität Wien
Universitätsstraße 7/II, A-1010 Wien

ISBN 3-540-10674-X 3. Auflage   Springer-Verlag Berlin Heidelberg New York
ISBN 0-387-10674-X 3rd edition Springer-Verlag New York Heidelberg Berlin

ISBN 3-540-05595-9 2. Auflage   Springer-Verlag Berlin Heidelberg New York
ISBN 0-387-05595-9 2nd edition Springer-Verlag New York Heidelberg Berlin

CIP-Kurztitelaufnahme der Deutschen Bibliothek
Thenius, Erich:
Versteinerte Urkunden: d. Paläontologie als
Wiss. vom Leben in d. Vorzeit/Erich Thenius.
3., neu bearb. Aufl.
Berlin Heidelberg New York: Springer 1981
(Verständliche Wissenschaft; Bd. 81)
ISBN 3-540-10674-X (Berlin Heidelberg New York)
ISBN 0-387-10674-X (New York Heidelberg Berlin)

Umschlagentwurf: W. Eisenschink, Heidelberg
Gesamtherstellung: Petersche Druckerei GmbH & Co. KG, Rothenburg ob der Tauber
2131/3130-543210

Dem Andenken
an O. Abel und E. Dacqué
gewidmet

Vorwort zur 3. Auflage

Da auch die 2. Auflage innerhalb weniger Jahre vergriffen war, wurde eine neue, dem gegenwärtigen Wissensstand entsprechende Auflage notwendig. Sie mußte gegenüber der erweiterten 2. Auflage textlich gekürzt werden, um sie abermals in der Reihe „Verständliche Wissenschaft" herausbringen zu können. Diese Reihe ist preisgebunden und ermöglicht entsprechend dem niedrigen Preis praktisch jedem Interessenten die Anschaffung. Dennoch hofft der Verfasser, daß die im Zusammenhang mit den Textkürzungen erfolgte Umstellung sich eher vorteilhaft für das Verständnis auswirken wird.

Die bisher bewährte Gliederung wurde nur unwesentlich verändert. Dem erwähnten Platzmangel fielen die Kapitel „Vorzeitliche Lebensspuren" und „Vorzeitliche Lebensräume" zum Opfer, was durch teilweise Einarbeitung in andere Kapitel sowie zahlreiche neue Abbildungen in den übrigen Kapiteln auszugleichen versucht wurde.

Eine vollständige Aufzählung der im Text genannten Publikationen im Literaturverzeichnis war leider nicht möglich. Sie finden sich z. T. im Quellenverzeichnis und in der zitierten Literatur.

Auch diesmal bin ich wieder verschiedenen Kollegen bzw. Institutionen durch die Überlassung von Fotos bzw. Originalobjekten zu Dank verpflichtet. Außer den bereits in den bisherigen Auflagen Genannten sind dies: Dr. G. BARYSHNIKOV, Leningrad; Prof. Dr. H. K. ERBEN, Bonn; Dr. J. FRANZEN, Frankfurt a. M.; Dr. P. GOTTSCHLING, Wien; Prof. Dr. U. LEHMANN, Hamburg; Prof. Dr. K. J. MÜLLER, Bonn; The Society of Economic Paleontologists and Mineralogists, Tempe, USA.

Allen Genannten sei für ihr Entgegenkommen bestens gedankt. Dem nunmehrigen Herausgeber, Herrn Prof. Dr. Dr. h. c. M. LINDAUER, Würzburg, danke ich für die Anregungen und sein Verständnis hinsichtlich Umfang des Textes, dem Verlag für die Ausstattung des Bandes.

Die Reinschrift des Manuskriptes besorgte in bewährter Weise Frau Fachinspektor M. TSCHUGGUEL, die Anfertigung zusätzlicher Fotos bzw. Bildmontagen die Herren CH. REICHEL und N. FROTZLER, alle Institut für Paläontologie der Universität Wien. Auch ihnen gilt mein Dank.

Möge auch diesmal diese Einführung in weiten Leserkreisen eine geneigte Aufnahme finden. Die in wenigen Jahren vergriffenen beiden Auflagen haben gezeigt, daß auch für einen trockenen Stoff bei entsprechender Darstellung reges Interesse vorhanden ist. Eine Feststellung, die für mich abermals Ansporn und Verpflichtung bedeutete.

Wien, im Frühjahr 1981

ERICH THENIUS

Aus dem Vorwort zur 1. und 2. Auflage

Gerne ist der Unterzeichnete der Aufforderung des Herausgebers gefolgt, im Rahmen der Reihe „Verständliche Wissenschaft" einen Band über die Paläontologie zu verfassen. Der von Prof. Dr. E. DACQUÉ im Jahre 1928 veröffentlichte Band „Das fossile Lebewesen — Eine Einführung in die Versteinerungskunde" ist längst vergriffen. Außerdem erschien in Anbetracht der Fortschritte der Paläontologie und der Nachbarwissenschaften im Laufe der letzten Jahrzehnte, die nicht nur zu neuen Erkenntnissen geführt, sondern auch entscheidend zur Lösung einst offener Probleme beigetragen haben, eine neue, allgemein verständliche Darstellung dieses Wissensgebietes notwendig.

Damit sind auch Sinn und Zweck dieses Buches klar umrissen. Es ist keine systematisch oder chronologisch geordnete Übersicht über die paläontologischen Urkunden, sondern der Versuch, auch weiteren Leserkreisen eine Vorstellung von der Bedeutung, den verschiedenen Methoden und den Zielen, aber auch von den Grenzen paläontologischer Forschung zu vermitteln. Wenn dies gelungen und damit auch dem Nichtfachmann gezeigt ist, daß die Paläontologie gegenwärtig alles andere als eine reine Museumswissenschaft darstellt, so ist der Zweck dieser Zeilen erreicht. Denn die Paläontologie besitzt, wie im folgenden gezeigt werden soll, nicht nur große Bedeutung für die Geologie in der Praxis (durch die Mikropaläontologie und Palynologie), sondern ist vor allem auch für die Biologie bei der Beurteilung stammesgeschichtlicher Fragen von grundsätzlicher Wichtigkeit.

Für das Zustandekommen des Bandes, vor allem durch die Überlassung von Abbildungsvorlagen, bin ich zahlreichen Kollegen bzw. Institutionen zu aufrichtigem Dank verpflichtet. Es sind dies: Prof. B. ACCORDI, Rom; A. BACHMANN, Wien; HR Prof. Dr. F. BACHMAYER, Wien; Dr. E. H. COLBERT, New York; Prof.

Dr. A. KIESLINGER, Wien; Prof. Dr. W. KLAUS, Wien; Dr. G. KRUMBIEGEL Halle a. d. Saale; Prof. Dr. E. KUHN-SCHNYDER, Zürich; Dr. F. RÖGL, Wien; Prof. Dr. A. SEILACHER, Tübingen; Prof. Dr. E. J. SLIJPER, Amsterdam; Dr. K. STAESCHE, Stuttgart; Prof. Dr. R. A. STIRTON, Berkeley; Dr, H. STRADNER, Wien; Dr. W. STRUVE, Frankfurt a. M.; Prof. Dr. W. STÜRMER, Erlangen; Prof. Dr. E. VOIGT, Hamburg; Prof. Dr. H. ZAPFE, Wien; Prof. Dr. A. ZEISS, Erlangen. Museum of Paleontology, University of California, Berkeley; Naturmuseum und Forschungsinstitut Senckenberg, Frankfurt a. M.; The American Museum of Natural History, New York; Musée National d'Histoire naturelle de Paris; Staatliches Museum für Naturkunde, Stuttgart; Petrified Forest National Monument National Park Service, USA und der United States Information Service (USIS), Wien.

Allen Genannten sei auch an dieser Stelle für ihr Entgegenkommen bestens gedankt.

Wien, Im Sommer 1962 bzw. Herbst 1971

ERICH THENIUS

Inhaltsverzeichnis

XII

I. Einleitung

Abgrenzung, Gliederung, Aufgaben und Ziele der Paläontologie

Die Paläontologie ist die Wissenschaft von den Lebewesen der „Vorzeit" (= Prä-Holozän, d. h. Zeit vor der geologischen Gegenwart [Holozän], deren Beginn mit etwa 10000 Jahren anzugeben ist; vgl. Zeittafel auf S. 187). Der Name stammt aus dem Griechischen (= Lehre von den alten Lebewesen) und wurde im Jahr 1822 erstmalig von französischen Wissenschaftlern (D. DE BLAINVILLE und ADOLPHE BRONGNIART) verwendet, nachdem dieses Fachgebiet vorher als Petrefaktenkunde (Petrefakten = Versteinerungen) bezeichnet wurde und praktisch nur Hilfswissenschaft der damals als Geognosie bezeichneten Geologie war. Heute ist sie längst ein eigenes Fach, wie dies auch die zunehmende Zahl eigener Universitätsinstitute dokumentiert.

Paläontologische Quellen

Die Objekte der Paläontologie sind die Fossilien, die meist als Versteinerungen überliefert sind. Die Bezeichnung Fossil (vom lat. fodere = graben) geht auf AGRICOLA (= GEORG BAUER, 1494–1555) zurück, der darunter auch Mineralien, Artefakte (vom Menschen hergestellte Geräte, z. B. Faustkeile) und Scheinfossilien (z. B. Konkretionen) verstand und sie übrigens als Naturspiele deutete. Heute ist der Name Fossil konventionell auf Reste vorzeitlicher Lebewesen (= Körperfossilien) und deren Lebensspuren (= Spurenfossilien) beschränkt. Körperfossilien sind durchaus nicht immer als Versteinerungen überliefert, wie etwa Mammutkadaver aus dem eiszeitlichen Frostboden, Tintenbeutel von Tintenfischen oder sog. Hautexemplare von Fischechsen aus dem Mesozoikum beweisen. Fossil bedeutet keineswegs ausgestorben, wie der Nachweis zahlreicher rezenter (d. h. holozäner) Arten in der „Vorzeit" belegt. Andrerseits müssen ausgestorbene Arten (z. B. Quagga als Zebraart in Südafrika) nicht unbedingt fossil überliefert sein.

Schon durch die Urkunden ist die Paläontologie weder mit der Archäologie (Altertumskunde) noch mit der Prähistorie (Urgeschichte) identisch, sondern eine Disziplin der Naturwissenschaften. Sie ist sowohl ein Teilgebiet der Biowissenschaften als auch der Erd- oder Geowissenschaften, was auch durch den in jüngster Zeit von US-Paläontologen vorgeschlagenen Begriff Geobiologie zum Ausdruck kommt.

Gliederung und Aufgaben der Paläontologie

Die Paläontologie läßt sich nach ihren Aufgaben bzw. ihren Objekten in die Allgemeine Paläontologie, in die Systematische (= Spezielle) Paläontologie und in die Angewandte Paläontologie gliedern. Die *Allgemeine Paläontologie* vermittelt die Grundlagen und Methoden, angefangen von der Fossilisation bis zur Rekonstruktion der fossilen Lebewesen und ihres einstigen Lebensraumes, die *Systematische Paläontologie* beschreibt die Fossilfunde und versucht sie in ein System zu bringen. Sie gliedert sich demnach in die Paläozoologie (mit der Evertebraten- und der Wirbeltier-Paläontologie) und in die Paläobotanik (= Phytopaläontologie), zu der in den letzten Jahren die Palynologie (die sich mit Pollenkörnern und Sporen beschäftigt) als eigenes Fachgebiet gekommen ist. Als *Angewandte Paläontologie* wird meist die Biostratigraphie (s. u.) und die Mikropaläontologie verstanden. Die Begründung der Mikropaläontologie ist mit dem Namen wie A. D'ORBIGNY, C. G. EHRENBERG und A. E. REUSS verknüpft. Sie befaßt sich mit Mikrofossilien, also mikroskopisch kleinen Fossilien, ungeachtet ihrer systematischen Zugehörigkeit (z. B. Foraminiferen, Radiolarien, Ostracoden und Conodonten als Reste tierischer, Coccolithen und Silicoflagellaten als solche pflanzlicher Organismen). Die Biostratigraphie und die Mikropaläontologie haben im Rahmen der Angewandten Paläontologie die Aufgabe, mit Hilfe von Fossilien eine relative Zeitbestimmung durchzuführen. Nur als solche sind sie eine Hilfswissenschaft der Historischen Geologie bzw. sind sie für Aufschlußbohrungen nach Erdöl und Erdgas unentbehrlich.

Während der Zoologe und Botaniker lebende Tiere und Pflanzen in ihrer Umwelt beobachten, ihre Lebensweise, ihre Sinnesleistungen, ihr Verhalten etc. direkt studieren und gegebenenfalls mit ihnen experimentieren kann, ist dies dem Paläontologen nicht möglich. Welche vielfältigen Aussagen der Paläontologe dennoch anhand der fossilen Dokumente machen kann, soll dieses Büchlein aufzeigen.

Primäre Aufgabe des Paläontologen ist — abgesehen von der exakten Beschreibung — die systematische Zuordnung der Fossilien und ihre erdgeschichtliche Altersdatierung in Verbindung mit dem Vorkommen. In Zusammenhang damit steht die Beurteilung des einstigen Lebensraumes und über eine Funktionsanalyse die Lebens- und Ernährungsweise der fossilen Arten, die zu einer Rekonstruktion führen können. Dazu kommt die Beurteilung der verwandtschaftlichen Verhältnisse und damit der stammesgeschichtlichen Beziehungen, die wiederum die Grundlage für verbreitungsgeschichtliche und damit paläogeographische Schlußfolgerungen bilden können. Fossilien sind die einzigen realhistorischen Belege für die Stammesgeschichte. Sie machen die Paläontologie zu einer unentbehrlichen Disziplin innerhalb der Biowissenschaften. Daß dies nicht immer so war, zeigt etwa der von CH. DARWIN geprägte Begriff „missing links" für die (damals) noch fehlenden Übergangsformen, der heute längst durch „connecting links" ersetzt werden mußte (vgl. Kapitel V).

Allein die Kenntnis völlig ausgestorbener Tier- und Pflanzengruppen, wie etwa derTrilobiten, Ammoniten, Dinosaurier, Fisch- und Flugechsen sowie der Cordaiten und Lepidophyten, beruht ausschließlich auf Fossilfunden. Manche Fossilfunde haben bereits frühzeitig die Aufmerksamkeit des Menschen auf sich gezogen.

Historischer Wandel der Auffassungen über Fossilien

Bereits in der jüngeren Altsteinzeit (Jung-Paläolithikum) waren Fossilien dem damaligen Menschen bekannt, wie Schmuck„schnecken" aus verschiedenen Stationen in Frankreich, Deutschland, Österreich und der CSSR beweisen. Meist sind es Gehäuse tertiärzeitlicher Schnecken (z. B. *Cypraea,*

Turritella, Melanopsis), Muscheln *(Glycymeris)* und Scaphopoden *(Dentalium)*, die neben Resten von zeitgenössischen Schnecken und Muscheln sowie Zähnen von Jagdtieren zu Schmuckketten verarbeitet wurden, wie die künstliche Lochung der einzelnen Reste und ihre Lage erkennen lassen und wie sie in ähnlicher Weise auch von heutigen Naturvölkern als Schmuck bekannt sind. Gelegentlich sind diese Schmuck„schnecken" — wie etwa beim Cro-Magnon-Menschen aus den Grimaldi-Höhlen bei Mentone an der Riviera — noch am Schädel als Kopfschmuck erkennbar. Freilich lassen sich über die Vorstellungen der Jung-Paläolithiker über diese Fossilien nur Vermutungen äußern.

Bereits in der mittleren Steinzeit (Mesolithikum) spielt der Bernstein als fossiles Baumharz eine Rolle als Schmuckstein, wie Lochung und Verzierungen zeigen. Eine Bedeutung, die er bis heute nicht eingebüßt hat und die ihn schon damals zum richtigen Handelsobjekt werden ließ.

In der jüngeren Steinzeit (Neolithikum) und in der Bronzezeit wurden Fossilien außerdem als Grabbeigaben neben dem Verstorbenen deponiert. Sie lassen vermuten, daß der damalige Mensch bereits bewußt nach Versteinerungen gesucht hat.

Im Altertum wurden Fossilien von den meisten damaligen Naturforschern bzw. Historikern, wie etwa XENOPHANES (614 v. Chr.), HERODOT (500 v. Chr.) und STRABO (63 v. Chr. bis 20 n. Chr) richtig als Reste einstiger Lebewesen erkannt und auch als Hinweise auf einstige Meeresüberflutungen gedeutet. ARISTOTELES (384–322 v. Chr.), der berühmteste Naturphilosoph der Antike, hingegen vertrat rückständige Ansichten, die durch die Scholastiker bis in das Mittelalter und sogar noch bis ins 16. Jahrhundert vertreten wurden. Die Fossilien wurden als Naturspiele (lusus naturae), die durch eine im Urschlamm vorhandene schöpferische Kraft (vis plastica) oder durch einen Gesteinssaft (succus lapidescens) entstanden seien, angesehen. LEONARDO DA VINCI (1452–1519), G. FRACOSTORO(1483–1553) und B. PALISSY (1510–1590) waren vereinzelte Ausnahmen. Sie erkannten zwar die wahre Natur der Fossilien, konnten sich aber mit ihren Ansichten nicht durchsetzen.

Daher bedeutete die Auffassung der „Diluvianer" als Anhänger der Sintfluttheorie (nach diluvium = Überschwemmung) einen wesentlichen Fortschritt. Sie sahen in den Fossilien Überreste einstiger Lebewesen, die durch die biblische Sintflut umgekommen seien. Allerdings konnten sie nicht erklären, wieso die meisten Fossilien Reste von Meeresbewohnern sind, ganz abgesehen davon, daß diese mit heutigen Arten identisch sein mußten. Der wohl bekannteste Vertreter der „Diluvianer" war der Schweizer Arzt und Naturforscher J. J. SCHEUCHZER (1672–1753), der im Jahre 1726 das Skelett eines Riesensalamanders aus dem Miozän von Öhningen am Bodensee als „Homo diluvii tristis testis", also das Beingerüst eines armen, durch die Sintflut umgekommenen Sünders, beschrieb. Erst annähernd 100 Jahre später erkannte G. CUVIER die wahre Natur dieses fossilen Skelettes.

Inzwischen, nämlich 1669, hatte der Däne NICOLAUS STENO (Niels Stensen, 1638–1686) mit dem Lagerungsgesetz eine der wesentlichsten Voraussetzungen für die wissenschaftliche Auswertung von Fossilien, die er richtig als Überreste von Organismen erkannte, geschaffen. Das Lagerungsgesetz besagt, daß in einem ungestörten Gesteinsprofil die untersten Ablagerungen die ältesten, die obersten die jüngsten sind.

Eine weitere Voraussetzung für die systematische Erfassung der Fossilien war die durch den berühmten schwedischen Naturforscher CARL VON LINNÉ (1707–1778) eingeführte, international gültige binäre Nomenklatur. Von LINNÉ für die damals bekannten rezenten Tier- und Pflanzenarten eingeführt, wurde diese Namengebung (Gattungs- und Artname, z. B. Canis lupus für den Wolf) später auch auf die Fossilien übertragen.

Dadurch waren die Voraussetzungen für planmäßige Aufsammlungen und eine Beschreibung der Versteinerungen im Sinne einer Bestandsaufnahme gegeben. Es war die Zeit der Petrefaktensammler und der deskriptiven Phase der Paläontologie. Sie führte zur Erkenntnis, daß jede Zeit ihre charakteristischen Versteinerungen besitzt. Diese Erkenntnis veranlaßte den englischen Ingenieur WILLIAM SMITH (1769–1839), den Begründer der Stratigraphie, im Jahre 1799 zur Erstellung der ersten stratigraphischen Tabelle. In der Folgezeit wurde von dem deutschen Geognosten LEOPOLD VON BUCH (1774–1832) der Begriff Leitfossil eingeführt. Leitfossilien sind für bestimmte Zonen (im zeitlichen Sinn) kennzeichnend. Es erscheint verständlich, daß die meisten Petrefaktensammler von der Geognosie kamen bzw. Bergleute waren, denen die Fossilien als Zeitmarken eine praktische Hilfe bedeuteten (vgl. Kapitel VI).

Aber erst durch die grundlegenden Untersuchungen des französischen Zoologen GEORGES CUVIER (1769–1832) über fossile Wirbeltiere wurden die Grundlagen für eine naturwissenschaftliche Paläontologie geschaffen. Zu dieser Zeit wurde auch der Name Paläontologie geprägt. CUVIER erkannte durch eingehende vergleichend-anatomische Studien an rezenten und fossilen Wirbeltieren, daß es echte, heute ausgestorbene Arten gab, wie etwa das eiszeitliche Mammut, die von ihren lebenden Verwandten, nämlich dem indischen und dem afrikanischen Elefanten, verschieden waren. Seine Untersuchungen an den alttertiären Wirbeltierfaunen des Pariser Beckens führten ihn weiter zur Erkenntnis, daß einst eine Folge verschiedener Faunen existierte, deren Unterschiede CUVIER nach der damals herrschenden Lehrmeinung von der Unveränderlichkeit der Arten durch wiederholte lokale Katastrophen erklärte. Diese Meinung wurde später von dem französischen Paläontologen ALCIDE D'ORBIGNY (1802–1857) zur Katastrophentheorie ausgebaut, die zahlreiche weltweite Katastrophen und darauf folgende Neuschöpfungen annahm. J. B. DE LAMARCK (1744–1829), der Begründer des Lamarckismus, erkannte zwar die Veränderlichkeit der Art, konnte sich aber mit seiner Meinung gegen die Autorität von CUVIER nicht durchsetzen, unabhängig davon, daß er den Artenwandel mit der irrigen Annahme einer Vererbung erworbener Eigenschaften zu erklären versuchte.

So konnte sich die Deszendenz- oder Abstammungslehre erst mit der 1859 erfolgten Veröffentlichung des Buches von CHARLES DARWIN (1809–1882) „On the origin of species" durchsetzen. DARWIN erkannte nicht nur die Veränderlichkeit der Art und damit die stammesgeschichtliche Entwicklung der Organismen, sondern erklärte sie auch durch heute noch im Prinzip anerkannte Faktoren, wie Variabilität der Art, Nachkommenüberschuß und Auslese (Selektion).

6

Zur Zeit DARWINS wurde die Bedeutung der Paläontologie für die Stammesgeschichte unterschätzt und das Fehlen geeigneter Fossilfunde mit der Lückenhaftigkeit der Fossilüberlieferung begründet. Seitherige Fossilfunde haben nicht nur die Richtigkeit der Deszendenztheorie bestätigt, sondern zugleich die Paläontologie zur wesentlichsten Stütze der Stammesgeschichte gemacht. Nicht nur durch die schon erwähnten Bindeglieder („connecting links"), sondern auch durch die Mikrofossilien, die Merkmalsveränderungen nicht nur an einzel-

Abb. 1. Briefmarken mit Rekonstruktionen von mesozoischen Dinosauriern *(Iguanodon, Tyrannosaurus, Triceratops, Stegosaurus),* Flossenechsen *(Elasmosaurus)* und Flugsauriern *(Pteranodon)*

7

Abb. 2. Fossilreste auf Briefmarken. Koniferen *(Lebachia)*, Farnsamer *(Sphenopteris)*, Flugsaurier *(Pterodactylus)*, Urvogel *(Archaeopteryx)*, Dinosaurier *(Iguanodon)* und Urpferdchen *(Propalaeotherium)*

nen Individuen, sondern an Populationen in einem Profil, also im Laufe der Zeit, dokumentieren.

Im ganzen gesehen ist die Paläontologie eine Wissenschaft, der als historische Disziplin unter den Naturwissenschaften eine besondere Stellung zukommt. Sie hat jedoch nicht nur rein wissenschaftlichen oder musealen Wert, sondern besitzt durch die angewandte Paläontologie auch eine eminente Bedeutung für die Praxis (z. B. Erdölgeologie, Lagerstättenkunde).

Abgesehen von Museen und Universitätsinstituten, wo Fossilfunde als Schauobjekte ausgestellt sind, finden diese zunehmend als Naturdenkmäler (z. B. Dinosaurier National Denkmal in Utah) Beachtung. Wie sehr die Paläontologie oder besser ihre Objekte mehr und mehr von der Allgemeinheit beachtet werden, zeigen nicht nur Briefmarken mit Rekonstruktionen (Abb. 1) und Fossilresten selbst (Abb. 2), sondern auch die zunehmende Zahl von Kinderbüchern, die fossile Tiere zum Inhalt haben.

In den Kapiteln IV bis VIII wird anhand ausgewählter Beispiele zu zeigen versucht, welche Aussagen die paläontologischen Urkunden bei entsprechender Analyse ermöglichen und wo die Grenzen der wissenschaftlichen Auswertbarkeit liegen.

II. Die Fossilisation und das Vorkommen von Fossilresten

Voraussetzungen für die Fossilisation

Wichtigste Voraussetzungen für die Fossilwerdung ist die möglichst rasche Einbettung der Lebewesen nach ihrem Tode in ein Sediment. Sie verhindert nicht nur die Zerstörung der Weichteile durch Aasfresser, sondern auch Verwesungsvorgänge, die nur bei Luftzufuhr stattfinden. Fäulnisprozesse, die ohne Sauerstoffzutritt vor sich gehen, werden dadurch allerdings nicht unterbunden. Eine rasche Einbettung ist vor allem im Flachmeerbereich gegeben, wo vom Festland her Sediment durch Flüsse angeliefert wird. Dies wird durch die Tatsache bestätigt, daß unter den fossilen Arten Flachmeerformen dominieren. Am Festland zählen Spaltenfüllungen und andere „Fossilfallen", wie etwa Asphaltsümpfe (Abb. 3), ferner Höhlensedimente, Moor- und Seeablagerungen zu den fossilreichsten Ablagerungen.

Abb. 3. Asphalttümpel (tar-pool) von Rancho La Brea in Los Angeles (Kalifornien) als Tierfalle. Vogelkadaver vom zähen Bitumen umhüllt. (Aufn. vom Museum of Paleontology, University of California, freundlicherweise zur Verfügung gestellt)

Fehlt die Sedimentation, wie meist auf der Landoberfläche, so werden die Reste der abgestorbenen Pflanzen oder Tiere durch mechanische bzw. biologisch-chemische Vorgänge teilweise oder völlig zerstört und schließlich in den Kreislauf der Stoffe übergeführt.

Wie bereits angedeutet, werden Zersetzungsprozesse mit der Einbettung nicht völlig unterbunden. Fäulnisvorgänge gehen als anaerobe, also unter Luftabschluß stattfindende Prozesse auch unter Luftabschluß weiter und führen zur Zerstörung der organischen Substanzen. Dies bedeutet, daß in der Regel nur Hartteile (z. B. Schalen von Schnecken und Muscheln, Knochen und Zähne von Wirbeltieren) fossil überliefert sind.

Fossildiagenese und Erhaltungszustände

Die Fossilisation ist ein diagenetischer Vorgang, der zu stofflichen und strukturellen Veränderungen führt, ähnlich jenem, der ein Sediment in ein Gestein umwandelt. Er dauert dementsprechend eine bestimmte Zeitspanne an, doch hängt diese von den jeweiligen Gegebenheiten (z. B. Einbettungs-medium, Sedimentdruck) ab. Im Prinzip wird dabei die in den Hartteilen vorhandene organische Substanz sukzessive durch anorganische Stoffe ersetzt, oder es kommt zu chemischen Umwandlungen, wie etwa bei der Inkohlung von Pflanzenresten durch Anreicherung von Kohlenstoff bei gleichzeitiger Abnahme des Sauerstoffgehaltes. Der Inkohlungsgrad der Endprodukte (z. B. Braunkohle, Steinkohle, Anthrazit) steht nicht einfach in Korrelation mit dem erdgeschichtlichen Alter, sondern hängt auch noch von anderen Faktoren, wie etwa Druck und Temperatur, ab. Manche organische Substanzen sind jedoch chemisch sehr widerstandsfähig (z. B. Chitin, Sporonin, Porphyrine) und sogar aus präkambrischen, d. h. mehrere Milliarden Jahre alten Gesteinen nachgewiesen. Da Farbstoffe ebenso wie andere organische Verbindungen (z. B. Aminosäuren) nicht in Form von Körperfossilien erhalten sind, bezeichnet man sie als Chemofossilien. Sie geben nicht nur Hinweise auf das einstige Vorkommen von Lebewesen. Es ist dies der Arbeitsbereich der Paläo(bio-)chemie bzw. Molekular-Paläontologie, die erst im Aufbau begriffen ist. Besonders interessant ist etwa der Nachweis von fossilem Chlorophyll (Blattgrün), das die Assimilation und damit die Photosynthese der Pflanzen ermöglicht. Aber auch der Nachweis der Tintenbeutelsubstanz bei mesozoischen Ammoniten ist für den Fachmann wertvoll.

Vereinzelt, wie etwa bei den Conodonten (s. Kapitel IV), läßt sich der Metamorphosegrad der Gesteine bereits an Hand der Fossilfärbung feststellen.

Körperfossilien können in verschiedenen Erhaltungszuständen überliefert sein, die wegen ihres unterschiedlichen Aussehens nicht nur dem Anfänger Schwierigkeiten bereiten. Man unterscheidet bei Körperfossilien „echte" Versteinerungen, Pseudomorphosen, Steinkerne und Abdrücke (Abb. 4).

Bei *„echten" Versteinerungen* sind die Hartteile mit ihrer primären Struktur erhalten. Sie ermöglichen daher auch Aussagen über den ursprünglichen Aufbau der Schalen, Knochen, Zähne u. dgl. Bei *Pseudomorphosen* hingegen kommt es zu einem völligen Ersatz der ursprünglichen Hartteile, nach deren Auf-

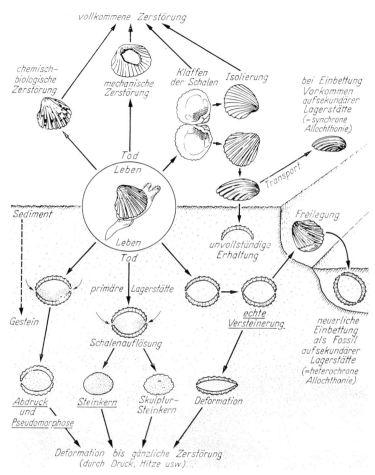

Abb. 4. Fossilisationsschema. Fossilisation nur bei Einbettung in ein Sediment. Erhaltungszustände: Abdruck, Steinkern, echte Versteinerung und Pseudomorphose. Beachte autochthone (primäre) und allochthone (sekundäre) Lagerstätte von Fossilien. Synchrone Allochthonie durch Transport *vor*, heterochrone Allochthonie durch Transport *nach* der Fossilisation

Abb. 5. Schale (Klappe) und Steinkern einer Auster aus dem Alt-Miozän von Retz (Niederösterreich); verkleinert. (Orig. Inst. f. Paläontologie, Univ. Wien)

lösung im bereits verfestigten Sediment. Als Beispiele für künstliche Pseudomorphosen können die Leichen der Bewohner von Pompeji gelten, die beim Ausbruch des Vesuvs im Jahre 79 n. Chr. durch vulkanische Aschen verschüttet wurden. Die Leichen selbst sind in den inzwischen verhärteten vulkanischen Tuffen nicht mehr erhalten, sondern nur die von ihnen einst eingenommenen Hohlräume, die bei den Ausgrabungen künstlich mit Gips ausgegossen wurden, um eine Vorstellung vom Aussehen und von der Körperstellung der Pompejaner zu erhalten. Als *Steinkerne* bezeichnet der Paläontologe Hohlraumausfüllungen, die meist durch ein Sediment, seltener durch Auskristallisierung erfolgen. Diese Hohlraumausfüllungen können nicht nur bei Schnecken, Muscheln (Abb. 5), Armfüßern, Ammoniten und sonstigen Wirbellosen auftreten, sondern auch bei Wirbeltieren (z. B. Ausfüllung der Schädelhöhle = Endocranialausguß = „versteinertes Gehirn", Abb. 6) und bei Pflanzen mit Markhohlräumen, wie etwa bei Riesenschachtelhalmen (Abb. 7) oder Cordaiten der Steinkohlenzeit. Einen Sonderfall bilden *Skultptursteinkerne,* bei denen nach Schalenauflösung durch den Sedimentdruck die Außenskulptur der einstigen Schale auf die Oberfläche des Steinkernes überprägt wird (daher auch die Bezeichnung Palimpsest = Prägekern). Normalerweise

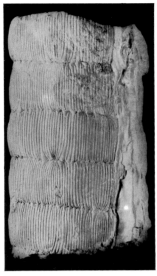

6

7

Abb. 6. „Versteinertes Gehirn" (= Endocranialausfüllung) eines eiszeitlichen Damhirsches vom Peloponnes. Durch die Abformung der Furchen und Wülste der Innenseite des Schädeldaches wirkt der Steinkern wie ein echtes Gehirn. Verkleinert

Abb. 7. Steinkern (Ausfüllung des Markhohlraumes) eines Riesenschachtelhalmes [*Calamites (Eucalamites) cruciatus* Brongn] aus dem Ober-Karbon von Saarbrücken. (Nach F. Bachmayer, 1957)

ist nur die Skulptur der Schaleninnenseite auf dem Steinkern abgeformt. Steinkerne sind oft die einzigen Reste fossiler Lebewesen.

Manchmal liegt jedoch nur ein *Abdruck* vor, wie dies nicht nur bei Fährten, also Spurenfossilien, sondern auch bei fossil nicht erhaltungsfähigen Weichteilen der Fall sein kann. Zu den

Abb. 8a, b. Rezente Quallen am Strand der Insel Engellöy (Lofoten). **a** In natürlicher Lage eingesunkenes Exemplar. **b** Abdruck der Unterseite, verkleinert. (Nach A. Kieslinger, 1947). **c** Fossile Meduse (*Rhizostomites admirandus* Haeckel) aus den Ober-Jura-Plattenkalken von Pfalzpoint im Fränkischen Jura, Bayern. Verkleinert. (Nach L. von Ammon, 1886)

14

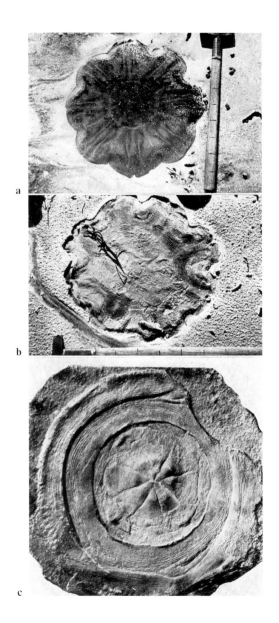

a

b

c

15

bekanntesten Beispielen dieser Art zählen die Abdrücke von Medusen (Abb. 8) sowie von Federn des Urvogels (*Archaeopteryx lithographica*, s. Abb. 44) aus den Solnhofener Plattenkalken des Ober-Jura in der Fränkischen Alb (Bayern). Dieser ursprünglich für lithographische Zwecke gewonnene helle Kalk ist äußerst feinkörnig und dünnschichtig. Er verwittert leicht und der entstehende Schutt wird durch flache Böschungen im Landschaftsbild kenntlich.

Wunder fossiler Erhaltung

Die fossile Erhaltung von Quallen ist wiederholt diskutiert worden. Sie ist — wie aktuopaläontologische Beobachtungen und Experimente gezeigt haben — entweder durch vorübergehendes Trockenfallen oder aber auch bei dauernder Wasserbedeckung bei erhöhtem Salzgehalt möglich. Die ursprünglich unter verschiedenen Art- und Gattungsnamen (z.B. *Myogramma speciosum, M. speciosissimum, Ephyropsites jurassicus*) beschriebenen fossilen Quallen sind nichts anderes als Erhaltungszustände [Ober- (Exumbrella) bzw. Unterseite (Subumbrella); entspannte oder verkrampfte Muskulatur der Glocke] einer Art *(Rhizostomites admirandus),* die in den einstigen Lagunen lebte. Auch Insektenflügel mit ihrer Aderung sind fossil aus dem Solnhofener Plattenkalk überliefert (Abb. 9). Sie ermöglichen dem Systematiker die exakte Zuordnung. Fährten von Schwertschwänzen (*Mesolimulus walchi,* s. Abb. 72), die ursprünglich auf Flugsaurier bzw. Urvögel bezogen wurden, sind als Lebensspuren gleichfalls nur in Form von Abdrücken erhalten geblieben.

Bei diesen und den im folgenden beschriebenen Beispiel von Weichteilerhaltung kann man tatsächlich von „Wundern fossiler Erhaltung" sprechen. Allgemein bekannt sind die Kadaver von Säugetieren aus dem eiszeitlichen Frostboden Sibiriens und Alaskas. Kadaver vom Mammut *(Mammuthus primigenius)* zählen zu den häufigsten Resten dieser Art. Sie werden erstmals im Jahr 1692 in einem Reisebericht des Holländers N. WITSEN erwähnt. Die Funde haben in jüngster Zeit wieder lebhafte Diskussionen über die Entstehung und Erhaltung derartiger

Abb. 9. Fossile Libelle [*Urogomphus giganteus* (GERMAR)] aus dem Ober-Jura-Plattenkalk von Solnhofen in Bayern. Ca. ½. (Orig. Senckenberg-Museum, Frankfurt a. M.)

Reste ausgelöst. Meist sind es Großtiere (z. B. Mammut, Fellnashorn, Steppenwisent, Wildpferd), von denen nicht nur das Skelett vollständig überliefert ist, sondern auch Weichteile (z. B. Behaarung, Haut, Muskel- und Bindegewebe, Eingeweide und sonstige Organe) und sogar Nahrungsreste erhalten sein können. Letztere geben Hinweise auf die Nahrungspflanzen und damit auch auf die einstige Umwelt. So sind in der Mundhöhle bzw. im Magen des Beresowka- und des Taimyr-Mammuts, die 1901 bzw. 1948 gefunden wurden, Reste von Steppenpflanzen enthalten, die auf eine offene Lößsteppe schließen lassen. Die dichte Behaarung spricht für ein kälteres Klima als Lebensraum. Derartige Funde ermöglichen nicht nur exakte Aussagen über das Haarkleid, sondern auch über fossil sonst nicht erhaltene Weichteile (z. B. Rüssel), die für eine Habitusrekonstruktion wichtig sind. Im Jahr 1977 konnte an einem Nebenfluß des Kolyma nahe des Polarkreises ein Mammutbaby geborgen werden (Abb. 10), das mit einem erdgeschichtlichen Alter von etwa 40 000 Jahren ungefähr jenem des Beresowka-Mammutes

Abb. 10. Jungeiszeitliches Mammutbaby „Dima" (ca. 7–8 Monate alt) aus Sibirien mit Weichteilerhaltung in Fundposition. Alter der Fundschichten etwa 39 000 Jahre. (Aufn. mit freundlicher Genehmigung von der Society of Economic Paleontologists and Mineralogists, USA, zur Verfügung gestellt)

entsprach, so wie eine biochemische (paläoserologische) Untersuchung ermöglichte. Diese bestätigten die näheren Beziehungen zum heutigen südasiatischen Elefanten *(Elephas maximus)*.

Blattreste als Mageninhalt sind übrigens in den letzten Jahren von einem Urpferdchen *(Propalaeotherium messelense,* Abb. 11) aus dem Mittel-Eozän von Messel bei Darmstadt bekannt geworden (s. FRANZEN, 1977). Die Reste stammen aus Ölschiefern, die als Ablagerungen eines Süßwassersees mit einem Alter von ungefähr 50 Millionen Jahren durch die Erhaltung von Weichteilen seit Jahrzehnten bekannt sind. Federn von Vögeln, Haut und Haare von Säugetieren blieben in dem nicht durch-

Abb. 11. Skelett eines Urpferdchens *(Propalaeotherium messelense)* mit Weichkörperkonturen am Rücken und am Hals und mit Mageninhalt aus dem Mittel-Eozän von Messel bei Darmstadt. Verkleinert. Foto E. HAUPT, Senckenberg-Museum. (Vom Senckenberg-Museum Frankfurt a.M. freundlicherweise zur Verfügung gestellt)

lüfteten lebensfeindlichen Schlamm am Boden ebenso erhalten wie der Mageninhalt von Urpferdchen oder von Fledermäusen. Der Mageninhalt von *Propalaeotherium messelense* (Abb. 12) bestätigte die bereits vor mehr als 100 Jahren von dem russischen Paläontologen W. KOWALEVSKY ausgesprochene Vermutung, daß die Urpferdchen keine Grasfresser, wie die heutigen Pferde, sondern Blattäser und Urwaldbewohner gewesen waren.

Nicht minder bemerkenswert sind die Fälle fossiler Weichteilerhaltung aus der mittelozänen Braunkohle des Geiseltales bei Halle a.d. Saale, die erstmalig durch E. VOIGT dank seiner Lackfilmmethode konserviert und wissenschaftlich ausgewertet werden konnten. Dadurch gelang nicht nur der Nachweis von eozänen Bakterien, Algen und Pilzen sowie parasitischen Würmern und anderen fossil sonst nicht erhaltenen Lebewesen, sondern auch von Muskelgewebe, von der Blattkutikula, von

19

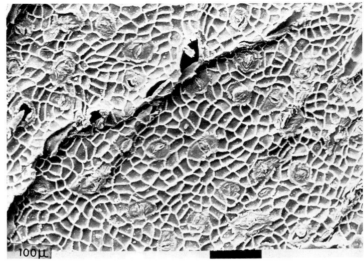

Abb. 12. Unterseite eines Blattrestes mit Epidermiszellen und Spaltöffnungen (zum Gasaustausch) aus dem Mageninhalt des eozänen Urpferdchens. Maßstab = 100 µm. (Präparat und Rasterelektronenmikroskopaufnahme Dr. G. RICHTER, Senckenberg-Museum. Vom Senckenberg-Museum Frankfurt a. M. freundlicherweise zur Verfügung gestellt)

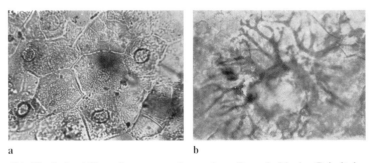

a   b

Abb. 13 a, b. Lackfilmpräparate aus der eozänen Braunkohle des Geiseltales bei Halle a. d. Saale. **a** Plattenepithelzelle mit Zellkernen aus der Epidermis eines Frosches, ca. 415×; **b** Melanophore (schwarze Hautfarbzelle) eines Frosches, ca. 420×. (Nach E. VOIGT, 1935)

20

Abb. 14. Ausschnitt aus dem eiszeitlichen Knochenlager der Asphaltsümpfe von Rancho La Brea (Kalifornien). (Aufn. vom Museum of Paleontology, University of California, freundlicherweise zur Verfügung gestellt)

Zellen mit Zellkernen, von Blutgefäßen mit Blutkörperchen sowie von Epithelzellen mit Farbkörpern (z. B. Melanophoren), deren Zustand bei Fröschen Hinweise auf die Todesursache (Erstickung durch Sauerstoffmangel) gibt (Abb. 13).

Finden sich die Fossilreste in der Braunkohle des Geiseltales stellenweise gehäuft, so sind massenhafte Fossilvorkommen für einstige Asphaltsümpfe („tar pools" oder „tar pits") kennzeichnend. Asphaltsümpfe, wie sie an Stellen natürlicher Erdölaustritte als Verwitterungsprodukt auftreten, bilden richtige Tierfallen. Die bekanntesten natürlichen „Fossilfallen" sind die Asphaltsümpfe von Rancho La Brea in Los Angeles (Kalifornien), aus denen bisher etliche Hunderttausende von Skelettresten jungeiszeitlicher und holozäner Wirbeltiere geborgen werden konnten (Abb. 14). Diese „tar pools" sind auch gegenwärtig noch als Tierfallen wirksam, indem durch das über dem Asphalt befindliche Wasser immer wieder Vögel, Säugetiere und

Abb. 15. Bernsteininsekt (Schlupfwespe: Braconide) mit angeklammertem Pseudoskorpion, ca. 12×. (Nach A. BACHOFEN-ECHT aus O. ABEL, 1935)

Insekten angelockt werden, die sich dann nicht mehr aus der zähen nachgiebigen Masse befreien können (vgl. Abb. 3). Sie wiederum locken weitere Greifvögel, Eulen und Raubtiere an, die auch dementsprechend häufig vertreten sind.

Weitere Beispiele sog. Weichteilerhaltung sind Einschlüsse in fossilen Harzen (z.B. Bernstein-Einschlüsse), ferner Exemplare mit „Haut"-Erhaltung sowie fossile Mumien. Zunächst zu den Bernstein-Einschlüssen. Es sind hauptsächlich Insekten (Abb. 15), von denen die feinsten Einzelheiten (Haare, Borsten, Tracheen etc.) erhalten geblieben sein können, die allerdings nur durch eine geeignete Präparation einer mikroskopischen Untersuchung zugänglich sind. Auch hier ist es der rasche Einschluß der Objekte durch das Harz, der eine Zerstörung der Weichteile vor der Fossilisation verhinderte. Das fossile Harz (z.B. Bernstein, Kopalharz) kann von verschiedenen Bäumen (z.B. Kiefern, Kauri-Fichte, Araucarien, Leguminosen) stammen, die mittels physikalischer Methoden (Infrarot-Spektroskopie, die Harze und Bernsteine unter Infrarotlicht untersucht und zu spezifischen Diagrammen [Kurven] führt) ermittelt werden können (s. SCHLEE und GLÖCKNER, 1978).

Auch Konkretionen (knollenartige Gebilde aus Kalk, Eisen-, Manganverbindungen usw., die sich von einem Kern durch konzentrisches Wachstum aus bilden) enthalten manchmal

Abb. 16. Fischechse [*Stenopterygius quadriscissus* (QUENST)] aus dem Unter-Jura von Holzmaden. Sog. Hautexemplar mit im Umriß erhaltenen Flossen. Länge des Exemplares ca. 2 m. Orig. Senckenberg-Museum. (Aufn. freundlicherweise vom Senckenberg-Museum Frankfurt a. M. zur Verfügung gestellt)

Fossilien, die sonst nicht erhaltungsfähig sind. Zu den bekanntesten Beispielen dieser Art zählen die Fossilien aus dem Karbon vom Mazon Creek in Illinois (USA). Aus ihnen sind die bisher einzigen Reste fossiler Neunaugen (Cyclostomata: *Mayomyzon*) beschrieben worden.

Zu den auch den Nichtfachmann beeindruckenden Fossilfunden zählen die „Haut"-Exemplare fossiler Wirbeltiere (z. B. Fischsaurier, Althaie, Ganoidfische) aus den Posidonienschiefern des Lias von Boll und Holzmaden in Württemberg. Sie stammen aus bitumenreichen Schichten und zeigen vielfach neben dem meist vollständig erhaltenen Skelett auch den Körperumriß und damit auch Teile, die nicht durch das Skelett gestützt werden, wie etwa die Rückenflosse der Fischechsen (Abb. 16). Erst derartige Exemplare ermöglichten eine exakte Habitusrekonstruktion. Allerdings sind diese Fossilfunde erst dank der Präparationskunst von B. HAUFF und seinen Mitarbeitern zu musealen Schaustücken geworden, wie sie gegenwärtig in Museen in aller Welt anzutreffen sind. In den letzten Jahren konnten auch mehrfach phosphatisierte Weichteile paläozoischer Gliederfüßer (z. B. Muschelkrebse: Ostracoda; Trilobitenlarven) nachgewiesen werden. Dadurch kennt man sogar von kambrischen Ostracoden die Antennen, Mundwerkzeuge und Gliedmaßen (Abb. 17).

23

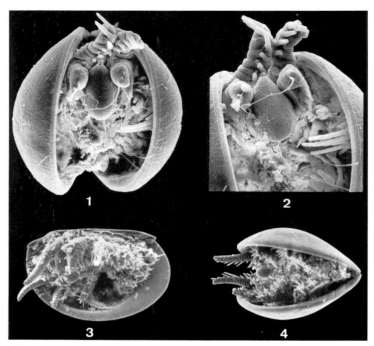

Abb. 17. Phosphatische Kleinkrebse [Ostracoden: *Falites* sp. (*1* und *2*)] und *Falites fala* MÜLLER (*3* und *4*) mit erhaltenen „Weichteilen" (Körperanhänge: Antennen und Gliedmaßen sowie Eikapsel) aus dem Ober-Kambrium von Schweden. *1* 275×, *2* 350×, *3–4* 65×. (Nach K. J. MÜLLER, 1979)

Schließlich noch einige Bemerkungen zu den fossilen Mumien, nach ihrer Entstehung heterogene Gebilde. Zu den bekanntesten zählen die „Trachodon"-Mumien aus der Ober-kreide von Wyoming und Dakota. Es sind Pseudomorphosen von Entenschnabelechsen (Anatosaurier), deren mumifizierte Kadaver erst nach ihrer Einbettung ins Sediment durch an-organisches Material ersetzt wurde.

Reste echter Mumien sind wiederholt von eiszeitlichen Riesenfaultieren aus Nord- (z. B. *Nothrotherium shastense* aus der Gypsum Cave, Nevada) und Südamerika [z. B. *Mylodon*

(= „Grypotherium") *domesticum* von Ultima Esperanza, Patagonien] bekannt geworden. Sie stammen durchweg aus Höhlen in Gebieten mit einem ariden, d. h. trockenen Klima, welches eine der wichtigsten Voraussetzungen für die Mumifizierung bildet. Diese Riesenfaultiere waren in der Eiszeit (Pleistozän) in der Neuen Welt weit verbreitet. Sie starben am Ende der Eiszeit bzw. im frühen Holozän (ca. 8000 vor der Zeitenwende) aus. Aus dem Fell derartiger bodenbewohnender Riesenfaultiere sind Algenreste, ähnlich wie sie von den heutigen Baumfaultieren bekannt sind, nachgewiesen. Neben Fell- und Skelettresten sind auch Kotballen von Riesenfaultieren, Rüsseltieren und Wildpferden samt Resten von Puppen von Dung-Insekten erhalten geblieben.

Die von den Moa-Straußen *(Dinornis, Megalapteryx)* aus Neuseeland überlieferten Weichteilreste (Federn, Haut, Kehlkopfknorpel, Muskulatur) sind nicht als fossil zu bezeichnen, da sie aus historischer Zeit stammen. Das bei Bergleuten bekannte „Affenhaar" aus der eozänen Braunkohle des Geiseltales ist zwar fossil, hat jedoch nichts mit Haaren zu tun. Es ist fossiler Kautschuk aus Milchsaftgefäßen von Pflanzen, wie sie nicht nur von „Gummibäumen" wie *Ficus elastica* bekannt sind (z. B. *Coumoxylon*). Die Entstehung des „Affenhaares" ist auf eine natürliche „Vulkanisierung" durch den Schwefelgehalt der Flöze zurückzuführen.

In diesem Zusammenhang sei auch auf die Farberhaltung bei fossilen Lebewesen hingewiesen, wie sie von Schnecken, Muscheln, Kopffüßern (z. B. *Cyrtoceras, Geisonoceras*), Brachiopoden und Insekten (z. B. Prachtkäfer aus Braunkohlen bzw. Ölschiefern) bekannt sind. Vielfach ist jedoch eine sekundäre Verfärbung eingetreten.

Biostratinomie und das Vorkommen von Fossilien

Manche der erwähnten Beispiele haben bereits erkennen lassen, wie notwendig die Kenntnis der Vorgänge *vor* der Fossilisation ist, nicht nur im Hinblick auf die Fossilisation, sondern auch auf das Vorkommen der Fossilreste und auf die Lebensweise der einstigen Organismen. Die Klärung dieser Vorgänge ist Aufgabe der *Biostratinomie* (= Taphonomie EFREMOV), die durch J. WEIGELT begründet wurde und die sich mit den Vorgängen vom Beginn des Absterbens eines Lebewesens bis zu seiner definitiven Einbettung befaßt. Sie ist ein Teilgebiet der *Aktuopaläontologie*. Die Biostratinomie ist nicht nur für die Beurteilung der Vorgänge vor der Fossilisation wichtig, sondern auch für die ökologische Analyse (s. Kapitel VII).

Die Art des Vorkommens der Fossilreste ist für deren stratigraphische Auswertung wichtig. Man unterscheidet autochthone und allochthone Vorkommen. Bei der *Autochthonie* (= Vorkommen auf primärer Lagerstätte) entspricht der einstige Lebensraum dem derzeitigen Grabesraum. Sichere Hinweise für ein autochthones Vorkommen geben Fossilien in Lebensstellung [z. B. im Sediment grabende, doppelklappig erhaltene Muscheln; festgewachsene, also fixosessile Organismen, wie Korallenstöcke, Austern- oder Hippuritenbänke; Stubbenhorizonte (aufrecht wurzelnde Stammbasen von Holzgewächsen) und Wurzelböden in Kohlen bzw. ihren Begleitschichten]. Kennzeichnend ist weiter die vollständige Erhaltung, das Fehlen von Rollspuren, wie sie beim Transport durch eine Wasserströmung entstehen. Auch Lebensspuren (z. B. Fährten, Kriechspuren, Wohnbauten) können Hinweise auf die Autochthonie geben.

Bei den aus verschiedenaltrigen Ablagerungen von den USA, Chile, Patagonien, Europa, Südwestafrika, Ägypten usw. bekannt gewordenen „versteinerten Wäldern" (Abb. 18) handelt es sich meist um durch eine Strömung zusammengeschwemmte Stämme, die entweder als Kalk- oder Kieselhölzer vorliegen.

Bei der *Allochthonie* (= Vorkommen auf sekundärer Lagerstätte) entspricht der Grabesraum *nicht* dem einstigen Lebensraum, da ein Transport stattgefunden hat. Nach dem Zeitpunkt des Transportes unterscheidet man synchron allochthone (Transport *vor* der Fossilisation) und heterochron allochthone Vorkommen (Transport *nach* der Fossilisation). Da die Fossilisation eine auch erdgeschichtlich erfaßbare Zeitspanne erfordert, sind Leitfossilien nur dann stratigraphisch verwertbar, wenn ihr autochthones oder synchron allochthones Vorkommen gesichert ist. Ein Transport vor der Fossilisation erfolgt

Abb. 18. „Versteinerter Wald" aus der Trias von Arizona (Jasper Forest, Petrified Forest National Monument). *Im Vordergrund* Reste verkieselter Nadelholzstämme *(Araucarioxylon arizonicum)*. (Aufn. vom National Park Service freundlicherweise zur Verfügung gestellt)

innerhalb der gleichen geologischen Zeitspanne, so daß von einer *syn*chronen Allochthonie gesprochen werden kann.

Ein Transport durch strömendes Wasser führt oft zu Anhäufungen und zu mehr oder minder kennzeichnenden Einregelungserscheinungen bzw. zur sog. Frachtsonderung. Besonders bekannt sind Muschelpflaster (Schalenhälften mit der Wölbung nach oben), ferner die Einregelung (= orientierte Lage durch Strömung) walzen- bis kegelförmiger Körper (z. B. Belemnitenrostren, Schnecken- und Orthocerengehäuse, Seeigelstacheln) sowie die Frachtsonderung bei ungleichklappigen oder einseitig mit einem Ligamentlöffel versehenen Muschelschalen oder bei Ammoniten (Aptychen und Gehäuse).

Heterochron allochthone Vorkommen entstehen vor allem an steilen Meeresküsten, wo es durch die Brandung zur Aufarbeitung fossilführender Ablagerungen und damit zur Freilegung von Fossilien und deren neuerlicher Einbettung kommen kann (s. Abb. 4).

a   b

Abb. 19 a, b. Teilweise zerstörte Fossilien. **a** Ammonit (*Uptonia jamsoni*
Sow.) aus dem Unter-Jura von Hechingen, Württemberg, mit durch
Sedimentdruck deformierter Wohnkammer; ca. $^1\!/_3$. **b** Korallenstock
(*Thecosmilia fenestrata* FRECH) aus der Ober-Trias des Zlambachgrabens,
Oberösterreich, mit durch Gebirgsdruck bzw. Hitzeentwicklung entlang
einer Harnischfläche randlich *(links)* zerstörten Kelchstrukturen; ca. $^1\!/_2$.
(Orig. Inst. für Paläontologie, Univ. Wien)

Fossilien können jedoch nicht nur freigelegt und neuerlich
(in jüngere Ablagerungen) eingebettet werden, sondern auch
durch Druck und Temperatur deformiert oder schließlich gänzlich zerstört werden (Abb. 19). Meist führen der Sedimentdruck
oder auch tektonische (gebirgsbildende) Kräfte zur Deformie-
rung der Fossilien, die dann vor der wissenschaftlichen Bearbeitung graphisch entzerrt werden müssen. Bruchlose Verformung
hingegen erfolgt durch die sog. Auslaugungsdiagenese, die etwa
bei Muscheln zur Auflösung der kalkigen Schalen unter Erhaltung der organischen Außenschicht (Periostracum) führt.

Fossilfälschungen und Scheinfossilien

Es ist selbstverständlich, daß bei allen derartigen Fossilresten nur natürlich, d. h. nicht künstlich von Menschenhand

28

Abb. 20. Scheinfossil (Dendrit) aus dem Solnhofener Plattenkalk von Kelheim in Bayern. Verkleinert. (Orig. Inst. für Paläontologie, Univ. Wien)

entstandene Versteinerungen berücksichtigt sind. Zu künstlichen Veränderungen zählen *Fossilfälschungen*, wie sie in jüngster Zeit als Belemniten mit Weichteilerhaltung im Handel erhältlich waren. Hier wurden geschickt fossile Tintenfische mit Weichteilerhaltung mit Belemnitenrostren ergänzt und als Belemnoideen angeboten. Als bekannteste Fossilfälschung sei der Piltdown-Mensch *(„Eoanthropus dawsoni")* aus Südengland (Sussex) erwähnt, der die Fachwissenschaftler jahrzehntelang irreführte. Dieser Fundkomplex beruht auf einem geschickt präparierten rezenten Menschenaffenunterkiefer und fossilen, jedoch geologisch jüngeren Menschenschädelresten. Erst vor wenigen Jahren wurden durch den Fluortest die Reste als raffinierte Fälschung erkannt. Sehr beliebt waren seinerzeit auch Fälschungen von Bernsteininklusen, indem Frösche, Eidechsen und andere Tiere künstlich in Bernstein eingeschlossen und als echte Fossilreste ausgegeben wurden.

Anorganisch entstandene Gebilde, wie Konkretionen oder Dendriten (Abb. 20) werden aufgrund ihrer Ähnlichkeit mit Knochen und Pflanzen vom Nichtfachmann immer wieder als Fossilien angesprochen. Es sind Schein- oder Pseudofossilien. Dendriten sind Ausfällungen von Eisen- oder Manganlösungen, die an Gesteinsfugen eingedrungen sind und im Aussehen an Moose erinnern.

Zu den Pseudofossilien zählen auch Marken. Unter Marken im erdgeschichtlichen Sinne versteht man anorganisch entstandene Spuren, wie Strömungs- und Rippelmarken sowie Rollmarken, wie sie von leeren Ammonitengehäusen, die durch die Strömung knapp über dem Meeresboden verdriftet werden und diesen zweitweise berühren, hinterlassen werden. Sie wurden seinerzeit als Schwimm„fährten" von Fischen und Meeresschildkröten gedeutet.

III. Fossilien im Volksglauben

Manche Versteinerungen sind durch Erhaltungszustand und das oft massenhafte Vorkommen sehr auffällig und daher auch der stärker naturverbundenen Landbevölkerung seit langem bekannt. Allerdings entsprechen die Vorstellungen meist nicht den tatsächlichen Gegebenheiten. Die Überlieferung derartiger Anschauungen läßt sich in ihren Anfängen bis in das Mittelalter, ja sogar bis ins Altertum zurückverfolgen. Noch heute erinnern Namen wie Nummuliten, Belemniten und Graptolithen an die einstigen falschen Vorstellungen.

Die folgende kleine Auswahl von Beispielen soll die auf Fossilien beruhenden Vorstellungen aufzeigen und den in einzelnen Fällen erwiesenen Zusammenhang zwischen Fossilfunden und Sagen belegen.

„Versteinerte Kuhtritte"

In den Dachsteinkalken der Ober-Trias der nördlichen Kalkalpen (z. B. Dachsteinmassiv, Loferer und Leoganger Steinberge, Watzmann, Tennengebirge, Totes Gebirge, Warscheneck) wittern an der Gesteinsoberfläche oft massenhaft annähernd herzförmige Gebilde heraus, die entfernt an Rinderfährten erinnern. Von Almhirten werden diese Fossilien daher auch meist als „versteinerte Kuhtritte" bezeichnet, deren Größe je nach Querschnitt wechselt (Abb. 21). Es sind dies die Schalenquerschnitte der nach ihrem Vorkommen im Dachsteinkalk des Salzkammergutes benannten Dachsteinmuscheln oder Megalo-

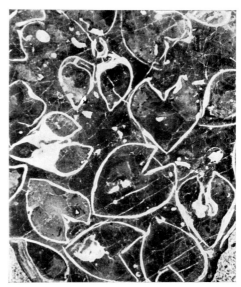

Abb. 21. „Versteinerte Kuhtritte" aus dem Dachsteinkalk der Ober-Trias vom Paß Lueg (Salzburg). Schalenquerschnitte von Muscheln (*Conchodus infraliasicus* Stopp.). Querschnittsdurchmesser 12–18 cm. (Nach H. Zapfe, 1957)

donten (z. B. *Conchodus infraliasicus, Megalodus, Rhaetomegalodon*), die vor allem für die jüngere Triaszeit kennzeichnend sind. Die typischen Querschnitte entstehen nur bei doppelklappig erhaltenen Muscheln, die an ihrem einstigen Lebensraum fossil wurden (Abb. 22). Dieser Lebensraum entsprach ehemaligen Lagunen im sog. Rückriffbereich, die heute in Form des gebankten Dachsteinkalkes jedem Kletterer durch die Bankung bekannt sind. Der massive Dachsteinkalk, wie er in klassischer Weise etwa im Gosaukamm westlich vom Dachstein ausgebildet ist, entspricht dem einstigen Riff, das aus Korallen, Kalkschwämmen, Kalkalgen, Hydrozoen und Bryozoen aufgebaut ist. Diese Riffe und Lagunen bildeten ausgedehnte Karbonatplattformen im damaligen Meer, wie sie gegenwärtig etwa von den Bahamas-Inseln bekannt sind. Die Megalodonten

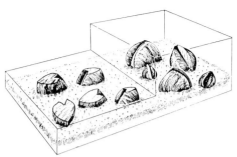

Abb. 22. Blockdiagramm mit „Dachsteinmuscheln" in Lebensstellung in ihrem einstigen Lebensraum, im Kalkschlamm. *Links* ist schematisch die später angewitterte Gesteinsoberfläche mit den Schalenquerschnitten dargestellt. (Nach H. ZAPFE, 1957)

waren als Lagunenbewohner in geographisch niedrigen Breiten durch Verdunstung gelegentlich Salinitätsschwankungen des Wassers ausgesetzt, was ihr massenhaftes Vorkommen als vermutlich euryöke Formen verständlich macht.

„Versteinerte Linsen" und „Münzen"

Viel verbreiteter sind jedoch Gehäuse von Großforaminiferen, also Einzellern, aus der Gruppe der Nummuliten (Nummuliten, Assilinen). Sie treten im Alttertiär oft gesteinsbildend auf und gaben bereits im Altertum Anlaß zu irrigen Vorstellungen. Es sind linsen- oder münzenförmige, also mehr oder minder flache scheibenförmige Gehäuse mit einem Durchmesser von wenigen Millimetern bis über 10 Zentimetern (Abb. 23). Das Gehäuse ist mehrkammerig und besteht aus zahlreichen, in einer Ebene aufgerollten Windungen. Der Name Nummuliten (= Münzsteine) nimmt auf ihre kennzeichnende Gestalt Bezug. Aber nicht nur als versteinertes Geld wurden Nummuliten bezeichnet, auch als „versteinerte Linsen" sind sie bekannt.

Die Pyramiden von Gizeh bestehen zum Teil aus Nummulitenkalkblöcken, die in riesigen Steinbrüchen der Mokattamberge am rechten Nilufer gebrochen wurden. Bei der Verwitterung dieser eozänen Nummulitenkalke fallen die linsenförmigen

a   b   c

Abb. 23 a–c. Fossilien (Nummuliten) im Volksglauben. **a** Nummulitenkalk mit teilweise ausgewitterten Exemplaren. Mittel-Eozän Pariser Becken. **b** „Versteinertes Geld" [= *Nummulites perforatus* (D'Orb.)] aus dem Mittel-Eozän von Bakony, Ungarn. **c** „Versteinerte Linsen" (*Nummulites* sp.) aus dem Alt-Eozän von Guttaring, Kärnten. Sämtl. Fig. verkleinert. (Orig. Inst. für Paläontologie, Univ. Wien)

Nummuliten in großen Mengen heraus. Dieses war für den römischen Geographen Strabo (63 v. Chr.–20 n. Chr.) der Anlaß, sie als Nahrungsreste der Erbauer der Pyramiden zu deuten. Im Krappfeld bei Guttaring in Kärnten wittern eozäne Nummuliten alljährlich in großer Zahl auf Feldern heraus. Sie wurden einst gleichfalls als „versteinerte Linsen" gedeutet und mit dem Fluchmotiv (Aussaat am Sonntag) in Zusammenhang gebracht. Nummuliten sind Bewohner seichter und warmer Meere. Ihre heutigen Verwandten *(Operculina, Heterostegina)* leben am Boden flacher Meeresgebiete in (sub)-tropischen Bereichen des Roten Meeres und des Indo-Pazifiks.

Donnerkeile, Schlangen-, Sonnenrad- und Wirfelsteine

Zu den bekanntesten und besonders in Süddeutschland oft gehäuft vorkommenden Fossilresten zählen die Rostren von Belemnoideen aus Jura- und Kreideschichten. Diese Belemniten sind Teile des Innenskelettes ausgestorbener Tintenfische. Es sind meist walzen- oder keulenförmige, an einem Ende zugespitzte Gebilde aus Kalzit, die dank ihrer Widerstandsfähig-

Abb. 24 a–c. Fossilien und Volksglaube. **a** „Belemnitenschlachtfeld" aus Rostren von *Hastites clavatus* (QUENST.) aus dem Mittel-Jura von Württemberg. **b** Crinoidenkalk aus Stielgliedern von Seelilien aus dem Unter-Karbon von Louisville, USA. **c** „Schlangenstein" aus dem Unter-Jura von Württemberg. Mündungsteil des Ammonitengehäuses [*Coroniceras rotiforme* (Sow.)] künstlich zu einem Kopf verändert, um die Schlangenähnlichkeit zu vergrößern. Sämtl. Obj. verkleinert. (Nach F. BACHMAYER, 1958)

keit meist als einzige Reste der Belemnoideen fossil erhalten geblieben sind. Stellenweise unter Einregelung zusammengeschwemmt (sog. „Belemnitenschlachtfelder"), wurden diese Rostren (z. B. *Belemnopsis, Hastites, Belemnitella*) vom Volksmund als Donnerkeile, Donner- und Gewittersteine, als Teufelsfinger, Schrecksteine usw. bezeichnet und einst als Schutz- und Abwehrzauber gegen Blitzschlag, Behexung und Erkrankungen verwendet (Abb. 24). Der Name Luchssteine (Lynkurium = Luchsurin) geht auf die besonders bei Kreide-Belemniten wie *Belemnitella* auftretende honiggelbe Färbung der Rostren und den durch Schaben erzeugten Ammoniakgeruch zurück.

Auch die Gehäuse von Ammonoideen, also die planspiral eingerollten Außenskelette von Tintenfischen (Kopffüßern), die besonders in mesozoischen Ablagerungen häufig vorkommen, spielen im Volksglauben eine entsprechende Rolle. Sie werden im Volksmund je nach Ausbildung und Erhaltungszustand als

Schlangensteine (Ophiten: z. B. *Arietites, Coroniceras*), als Gold-
schnecken (im pyritisierten Zustand; z. B. *Amaltheus, Kosmoceras, Macrocephalites*) oder als Drachensteine bezeichnet, wobei manchmal künstlich nachgeholfen wird, diesen Eindruck zu
verstärken (Abb. 24).

Die Ammonitengehäuse bestehen aus zahlreichen (Gas-)
Kammern. Einzelne Steinkerne solcher Kammern, wie sie beim
Freilegen von Ammoniten entstehen können, werden nach ihren
zerschlitzten Rändern vom Volksmund als „Katzenpfötchen"
bezeichnet.

In manchen mesozoischen Ablagerungen Mitteldeutsch-
lands (Muschelkalk der Trias) und der Alpen (z. B. Hierlatzkalke
des Jura) finden sich häufig runde, scheibenförmige Fossilreste,
die wegen der radiären Skulptur an der Ober- und Unterseite von
den Germanen als Sonnenradsteine bezeichnet wurden. Im Zuge
der Christianisierung wurden diese Sonnenradsteine in Boni-
faziuspfennige umbenannt. Es handelt sich um Stielglieder
fossiler Seelilien (Crinoiden: *Encrinus liliiformis* aus dem
Muschelkalk), die manchmal fast gesteinsbildend vorkommen
und daher auch als Crinoidenkalke bezeichnet werden (s.
Abb. 24b). Der Stiel einer Seelilie besteht aus zahlreichen Stielgliedern, die meist vor der Fossilisation zerfallen, so daß die an
den Trennflächen vorhandene radiäre Skulptur sichtbar wird.
Seelilienstielglieder mit fünfeckigem Umriß (z. B. *Pentacrinus*
und *Seirocrinus* aus dem Jura) spielten einst unter dem Namen
Astroiten (= Sternsteine) eine Rolle.

In den Gosauschichten (Oberkreide) der Alpen treten durch
die Verwitterung wiederholt helle Spiralen in dunklen Kalken
auf, die dank ihrer Häufigkeit frühzeitig die Aufmerksamkeit
der bäuerlichen Bevölkerung auf sich zogen und von dieser als
Wirfelsteine bezeichnet werden (Abb. 25). Es sind Querschnitte
von dickschaligen Schnecken („Actaeonellen" = *Trochacteon
gigantea*), wie sie in den Gosauablagerungen lokal gehäuft vorkommen. So verdankt eine Fundstelle an der Hohen Wand in
Niederösterreich ihren Namen („Schneckengart'l" bei Drei-
stetten) diesen Schnecken. Die „Wirfelsteine" wurden seinerzeit
als Abwehrmittel gegen die Drehkrankheit der Schafe verwendet.

Abb. 25. „Wirfelstein" (= Querschnitt) sowie Längsschnitte durch große Schneckengehäuse (sog. Actaeonellen = *Trochacteon gigantea*) aus der Ober-Kreide (Gosau) der Hohen Wand, Niederösterreich, ca. ¼. (Orig. Sammlg. Dr. R. GOTTSCHLING, Wien)

Drachenknochen und -zähne; Drachensagen und Fossilien

Knochen und Zähne fossiler Wirbeltiere haben schon im Altertum Anlaß zu Vorstellungen über einstige Riesenmenschen und Drachen gegeben. Auch heute noch werden fossile Zähne in chinesischen Apotheken als Drachenzähne angeboten. Letztere stammen meist von tertiär- oder eiszeitlichen Säugetieren, wie sie in den roten Tonen des Jung-Miozäns oder in eiszeitlichen Höhlen oder Spaltenfüllungen nicht selten sind. Sie sind eine Fundgrube für den Paläontologen, doch wissenschaftlich nur auswertbar, wenn ihre Herkunft bekannt ist. Sog. Riesenknochen, wie sie in jungeiszeitlichen Ablagerungen (z. B. Löß, Flußschotter) auch in Europa immer wieder gefunden werden, stammen meist vom Mammut *(Mammuthus primigenius)*. Auch die sog. Chiriten („Handsteine") sind Reste des Mammuts, und zwar sind es einzelne Lamellen von Backenzähnen, die durch ihre fingerförmigen „Höcker" zu dieser Bezeichnung Anlaß

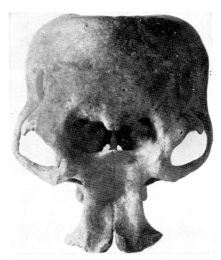

Abb. 26. Eiszeitlicher Zwergelefantenschädel *(Elephas falconeri)* aus der Höhle von Spinagallo, Sizilien. Vorderansicht. Stoßzähne fehlen. Beachte die als unpaare Augenöffnung gedeutete mediane Nasenöffnung, die Anlaß zu Sagen über einäugige Riesen (Kyklopen) gab. $^1/_5$. (Nach B. Accordi und R. Colacicchi, 1962)

gaben. Sie entstehen durch den Zerfall von Keimzähnen, die an der Zahnbasis noch nicht verwachsen sind.

Von den Navajo-Indianern in Arizona wurden die Stammstücke fossiler Nadelhölzer *(Araucarioxylon arizonicum;* s. Abb. 18) für Knochen gewaltiger Riesen gehalten.

Reste fossiler Zwergelefanten können jedoch, wie O. Abel vermutete, Anlaß zu der Erzählung vom einäugigen Riesen Polyphem in der Homer'schen Odyssee gegeben haben. Aus Küstenhöhlen verschiedener Mittelmeerinseln (z. B. Sizilien, Malta, Kreta, Zypern, Tilos) sind nämlich neben Knochen und Stoßzähnen auch Schädel von Zwergelefanten (z. B. *Palaeoloxodon falconeri*) bekannt, deren Nasenöffnung auf der Stirnseite dem Nichtfachmann eine Augenöffnung vortäuscht (Abb. 26).

Erscheint in diesem Fall der Zusammenhang zwischen Fossilresten und Sage nicht völlig gesichert, so ist dies beim

Abb. 27a, b. Fossilien und Drachenvorstellungen. **a** Lindwurmdenkmal in Klagenfurt, Kärnten. **b** Calvarium des eiszeitlichen Fellnashorns [*Coelodonta antiquitatis* (BLUM.)] vom (?) Zollfeld bei Klagenfurt, das dem Schöpfer des Lindwurmdenkmals als Vorbild für den Kopf diente. **a** Nach Ansichtskarte. **b** Nach O. ABEL, 1939

Lindwurmdenkmal in Klagenfurt, der Landeshauptstadt von Kärnten, einwandfrei belegt. Dem Bildhauer ULRICH VOGELSANG der dieses Denkmal schuf (begonnen 1590), diente, wie FRANZ UNGER erkannte, der Schädel eines eiszeitlichen Fellnashorns *(Coelodonta antiquitatis)* als Vorbild für den Kopf des Drachens (Abb. 27). Der Fellnashornschädel war vor etwa 600 Jahren in der Lindwurmgrube am Zollfeld nördlich von Klagenfurt gefunden worden.

Abschließend zu diesem Kapitel sei noch erwähnt, daß den alten Chinesen die aus jungeiszeitlichen Frostböden stammenden Mammutkadaver längst bekannt waren. Sie sahen sie als Leichen unterirdisch wühlender Tiere an, die beim Erblicken des Tageslichtes sterben mußten, ähnlich wie die Pampasindianer Patagoniens das Vorkommen riesiger Säugetierskelette im eiszeitlichen Pampaslöß mit der Existenz gewaltiger Tiere in Zusammenhang brachten.

IV. Arbeitsmethoden der Paläontologie

Die Arbeitsmethoden der Paläontologie sind sehr vielfältig. Die scharfe Trennung in technische und wissenschaftliche Methoden ist meist nicht durchführbar, da beide oft miteinander verflochten sind. Dies betrifft die manchmal sehr zeitraubende Präparation von Wirbeltierskeletten und ihre Montage ebenso wie die Anfertigung von gerichteten, also nach den Gehäuseachsen orientierten Dünnschliffen bei Großforaminiferen. Die wissenschaftliche Auswertung der Fossilfunde beginnt mit ihrer Auffindung. Sie findet ihren Abschluß in der wissenschaftlichen Veröffentlichung, in der musealen Aufstellung oder in der Rekonstruktion in Form von Lebensbildern.

In diesem Rahmen sind nur einige wenige Beispiele besprochen, die einen Einblick in die Vielfalt der Arbeitsmethoden und Analysen geben. Sie erheben somit keinen Anspruch auf Vollständigkeit.

Aufsammlung, Bergung oder Ausgrabung von Fossilien

Je nach dem Vorkommen von Fossilien, die sich fast ausschließlich in Sedimentgesteinen finden, ist eine Aufsammlung — auf Feldern, Weingärten usw. —, eine Bergung — in Sand- und Ziegelgruben, Steinbrüchen — oder eine planmäßige Ausgrabung — in Höhlen, Spaltenfüllungen, bei gehäuften Vorkommen — erforderlich. Letztere, der gegebenenfalls eine Abtragung der Deckschichten durch Bulldozer bzw. eine Probegrabung in Form von Suchgräben vorausgehen können, erfolgt durch das schichtweise Abtragen der Sedimente unter Erstellung eines Gradnetzes und unter Anfertigung von Lageskizzen der Fossilreste (z. B. Skelett oder einzelne Knochen) für jeden abgegrabenen Horizont, wobei die Fossilien nummernmäßig erfaßt werden (Abb. 28 und 29). Dadurch kann nachträglich im Labor die ursprüngliche Lage der einzelnen Reste rekonstruiert werden. Dies ist für den Paläontologen vor allem zur Beurteilung der Vorgänge vor der Fossilisation (vgl. Biostratinomie mit Aussagen wie Lebens- oder Todesstellung, Zusammenschwem-

Abb. 28. Paläontologische Grabungsstelle im Grenzbitumenhorizont der Mittel-Trias (Punkt 902) vom Monte San Giorgio im Kanton Tessin, Schweiz. Berühmte Wirbeltierfundstelle. Beachte Wechsellagerung von Dolomitbänken und Bitumenlagen. (Aufn. von E. KUHN-SCHNYDER freundlicherweise zur Verfügung gestellt)

mung u. dgl. m.) notwendig. Von den Schwierigkeiten, die sich paläontologischen Ausgrabungen entgegenstellen können, seien hier der erst künstlich abzusenkende Grundwasserspiegel, die Zugänglichkeit der Grabungsstellen oder die Befahrung von Höhlensystemen erwähnt. Notwendig ist fast in allen Fällen das Einverständnis des Grundbesitzers.

Aufbereitung und Präparation von Mikroproben bzw. -fossilien

Dem Aufsammeln bzw. Ausgraben von Groß- oder Makrofossilien und ihrer Präparation entspricht in der Mikropaläontologie die Entnahme von Sediment- oder Gesteinsproben mit Mikrofossilien im Gelände oder aus dem Bohrkern und deren Aufbereitung. Mikrofossilien sind, wie bereits im Kapitel I erwähnt, Fossilien, deren Untersuchung ausschließlich unter dem Binokular oder dem Mikroskop erfolgt (Abb. 30). Als Nanno- oder Kleinstfossilien werden manchmal die maximal

40

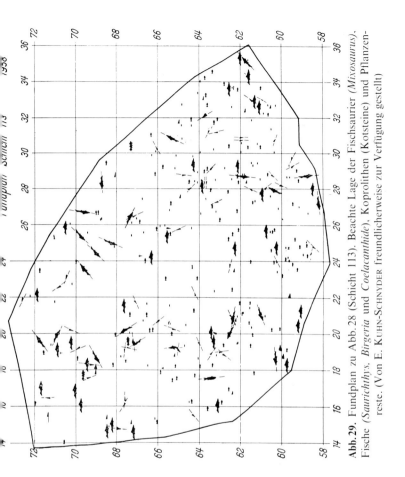

Abb. 29. Fundplan zu Abb. 28 (Schicht 113). Beachte Lage der Fischsaurier (*Mixosaurus*). Fische (*Saurichthys, Birgeria* und *Coelacanthide*). Koprolithen (Kotsteine) und Pflanzenreste. (Von E. KUHN-SCHNYDER freundlicherweise zur Verfügung gestellt)

40 Mikromillimeter (Mikron = $^{1}/_{1000}$ Millimeter) messenden Skelettreste von Kalkflagellaten (z. B. Coccolithineen) bezeichnet, die nur Teile des ganzen Skelettes bilden (vgl. Abb. 31).

Die Aufbereitung von Mikrofossilien (einschließlich Sporen und Pollenkörnern), die im Laboratorium durchgeführt wird, hängt vom Sediment und der Erhaltung der Fossilreste ab. Außer einer rein mechanischen Aufbereitung durch Schlämmen

41

Abb. 30. Mikrofossilien (Foraminiferen und Ostracoden) aus dem Oligozän (Rupelton) des Mainzer Beckens. 21×. (Nach K. KREJCI-GRAF, 1955)

a   b

Abb. 31 a, b. Nannofossilien. REM-(= Rasterelektronenmikroskopische) Aufnahmen rezenter *(links)* und fossiler Coccolithen. **a** *Coccolithus huxleyi* (LOHMANN) aus dem Südatlantik, 15 000 ×. (Nach M. BLACK und B. BARNES, 1961). **b** *Coccolithus sarsiae* (BLACK) aus dem Jung-Tertiär von der West-küste Englands, 3600×. (Nach M. BLACK, 1962)

mit Wasser und einem Siebsatz verschiedener Maschenweite, wodurch eine Fraktionierung des Rückstandes erzielt wird, sind oft chemische Aufschließungsmethoden erforderlich. Wasser-

stoffsuperoxyd, Glaubersalz, Salzsäure, ferner Monochloressig-
säure (bei nicht karbonisierten Mikrofossilien aus Kalken, wie
Conodonten), konzentrierte Natriumlauge (bei Radiolarien:
Einzeller mit Kieselskeletten) oder Flußsäure (bei Sporen und
Pollenkörnern in Tonen) helfen in derartigen Fällen. Grundsätzlich ist wichtig, daß die im Sediment enthaltenen Mikrofossilien durch die Aufschließungsmittel weder mechanisch
noch chemisch angegriffen werden. Die wichtigsten Skelett-
substanzen der Mikrofossilien sind Kalziumkarbonat (Aragonit oder Kalzit), Apatit, Kieselsäure (Quarzit), Skleroproteine,
(Pseudo-)Chitin, Zellulose, Sporonin und Pollenin.

Konservierung, Präparation und Montage von Makrofossilien

Die Konservierung und Präparation von Makrofossilien erfolgt je nach Erhaltungszustand und Vorkommen direkt bei der
Freilegung oder erst nach der Bergung im Laboratorium. Bei
zerbrechlichen Fossilien ist die Tränkung und Härtung mit
Konservierungsmitteln (z.B. Kunstharz) bereits am Fundplatz
erforderlich, sofern nicht — wie etwa bei Wirbeltierfunden —
einzelne Knochen oder ganze Skelettkomplexe mit einem Gips-
mantel versehen in die Präparationswerkstätte abtransportiert
und dort präpariert werden müssen. Bei Fossilplatten kann
manchmal das Eingießen der präparierten Oberseite des Fossil-
fundes in Kunstharz notwendig werden, um auf diese Weise
auch die Unterseite freilegen zu können (Transfer-Methode).
Die Montage eines fossilen Wirbeltierskelettes setzt nicht nur
ein vollständiges Skelett voraus, sondern auch entsprechende
osteologische Kenntnisse, soll die Skelettrekonstruktion lebens-
echt wirken. Bei völlig ausgestorbenen Wirbeltieren ergeben sich
oft Probleme bei der Aufstellung (z.B. Körperhaltung, Fort-
bewegungsart). Unvollständigen Skeletten geht die Ergänzung
fehlender oder fragmentärer Skelettreste voraus, die in der Regel
nach Resten anderer Individuen der gleichen Art vorgenommen
wird, doch sollen die ergänzten Partien erkennbar sein. In den
letzten Jahren werden bei Skelettmontagen die Originalreste
mehr und mehr durch Kunstharzabgüsse ersetzt, die in Schau-

sammlungen überdies weniger bruchgefährdet sind und wegen des geringeren Gewichtes auch leichter montiert werden können.

Manchmal liegt der Wert eines fossilen Objektes fast ausschließlich in seiner Präparation. Sie erfordert nicht nur technisches Können, sondern setzt auch fachliches Wissen voraus. Dies gilt für die meist vollständig erhaltenen Skelette von Fischsauriern, Flossenechsen und Fischen, von Seelilien mit ihren oft meterlangen Stielen aus den Posidonienschiefern des Lias von Württemberg ebenso wie etwa die Funde aus den Bundenbacher Schiefern des Unter-Devon des Hunsrück im Rheinischen Schiefergebirge oder die Saurier aus dem Grenzbitumenhorizont der Trias vom Monte San Giorgio im Tessin, um deren Erforschung sich die Züricher Paläontologen B. PEYER und E. KUHN-SCHNYDER verdient gemacht haben. Bei der Präparation kommen Flach- und Spitzmeißel, Stahlstichel und -bürsten ebenso zum Einsatz wie Zahnbohrgeräte und Sandstrahlgebläse. Bei Versteinerungen in Schiefern kann die Durchleuchtung mit Röntgenstrahlen vor der Präparation wertvolle Dienste leisten (Abb. 32 b). Darüber hinaus haben Röntgenstrahlen nicht nur zur Entdeckung von Fossilien geführt [z. B. erste Holothurien (Seegurken) und Ctenophoren (Rippenquallen) in den devonischen Hunsrückschiefern], sondern auch zum Nachweis von „Weichteilen", wie etwa Fangarme von Kopffüßern, Magen- und Darmtrakt sowie zarte Gliedmaßen und andere Körperanhänge bei Gliederfüßern (z. B. Trilobiten). Diese „Weichteile" sind während der Fossilisation verkiest [Umwandlung in Schwefelkies (FeS_2: Markasit oder Pyrit)] und dadurch im Röntgenbild sichtbar (Abb. 32 c). In den letzten Jahren hat W. STÜRMER mit Hilfe eines fahrbaren Röntgenlabors mit der systematischen Durchforschung der Hunsrückschiefer nach Fossilien begonnen.

Gelegentlich kann auch UV-Licht zur Auffindung von Fossilien führen bzw. bei „normalem" Licht unsichtbare Farbmuster sichtbar machen [z. B. bei tertiärzeitlichen *Conus*-Arten (Schnecken) und Muscheln].

Eine andere Technik ist die Anfertigung von Serienschliffen und ihre morphologische Auswertung. Sie ist durch den schwedischen Paläontologen ERIK A: SON STENSIÖ im Jahr 1927 erst-

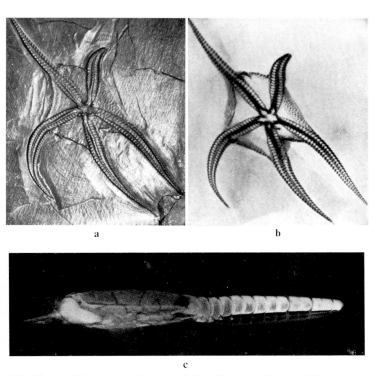

a   b

c

Abb. 32 a—c. Röntgenaufnahmen und Fossilien. **a, b** Seestern [*Encrinaster (Aspidosoma) roemeri* SCHÖNDORF] aus dem Unter-Devon von Bundenbach, Rhein. Schiefergebirge. Oberflächenaufnahme des präparierten Stückes und Röntgenaufnahme. Verkleinert. (Nach W. M. LEHMANN, 1938). **c** Kopffüßer *(Lobobactrites)* mit Weichteilen aus dem Mittel-Devon von Wissenbach, Harz. Röntgenaufnahme, etwas vergrößert. (Nach W. STÜRMER, 1969)

malig bei der Untersuchung devonischer Agnathen (= Kieferlose aus der Verwandtschaft der heutigen Neunaugen oder Cyclostomata) angewendet worden. Dank der vollständigen Verknöcherung der Schädelkapsel dieser Agnathen (Ostracodermata) — die deswegen auch als Panzerfische bezeichnet werden — und der Serienschliffmethode ist man über den anatomischen Bau dieser Formen besser unterrichtet als über den mancher

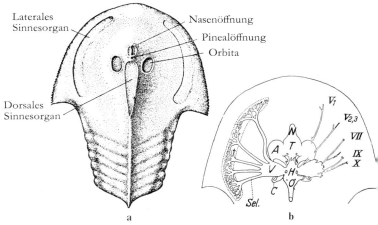

Abb. 33 a, b. Kieferloser Panzerfisch (*Kieraspis auchenaspidoides* STENSIÖ) aus dem Unter-Devon von Spitzbergen. **a** Kopfbrustschild von oben; **b** künstlicher Ausguß der Schädelhohlräume: *A* Augenkapsel; *C* Bogengang; *H* Hinterhirn; *M* Mittelhirn; *N* Nasenkapsel; *O* verlängertes Mark; *Sel.* Kanäle für die Nerven der seitlichen Sinnesorgane; *T* Vorderhirn; *V* Vorhof des Gehörganges; V_1, V_2, V_3, *VII, IX* und *X* Nervenkanäle. (Nach A. S. ROMER, 1953 und E. KUHN-SCHNYDER, 1953)

rezenten Cyclostomata, indem sämtliche Einzelheiten des Gehirns, der Nerven und des Blutgefäßsystems rekonstruiert werden können (Abb. 33). Da die Originalobjekte durch die Serienschliffe zerstört werden, werden jeweils Lackfilmabzüge oder Zelluloidpräparate angefertigt, die nicht nur als Grundlage der Rekonstruktion, sondern auch zur Dokumentation dienen. Die Schliffe selbst werden dabei mit Salz- oder Flußsäure angeätzt, wodurch der Film meist mehr Details erkennen läßt als der Anschliff. Derartige Serienschliffe sind auch bei Armfüßern (Brachiopoda) zur exakten Bestimmung notwendig, da die äußerlich sichtbaren Merkmale nicht ausreichen. Durch die Serienschliffe kann der Bau der Armgerüste im Inneren der Schalen rekonstruiert werden. Die Ausbildung der Armgerüste ist taxonomisch wichtig und ermöglicht die Trennung äußerlich übereinstimmender, d. h. homöomorpher Brachiopoden.

46

Paläohistologie, Kutikularanalyse, Ultrastruktur- und Ultraskulpturforschung

Ein weiterer, in jüngster Zeit stark ausgebauter Arbeitsbereich ist die *Paläohistologie* als Zweig der Paläo-Anatomie, die sich mit dem Studium der mikroskopischen Strukturen von Hartteilen befaßt. Sie hat wertvolle Aufschlüsse über Zusammensetzung und Entstehung von Knochen- und Zahnsubstanzen und damit über deren taxonomische und funktionelle Bedeutung geliefert. Es ist jenes Arbeitsgebiet, das neuerdings durch die Elektronenmikroskopie auch auf die Untersuchung von Ultrastrukturen ausgeweitet wurde, von denen bereits oben die Rede war. Mit Hilfe der Strukturanalyse konnte nicht nur die funktionelle Bedeutung selbst beim Zahnschmelz (entsprechend der unterschiedlichen Beanspruchung) nachgewiesen werden, sondern etwa auch aus der Knochenstruktur Hinweise auf physiologische Besonderheiten, wie etwa die Warmblütigkeit bei fossilen Reptilien, gewonnen werden.

Auch in der Paläobotanik zählt die Paläohistologie zu den üblichen Arbeitsmethoden. Für die Analyse fossiler Hölzer (Kiesel- oder Kalkhölzer, phosphatisierte Hölzer bzw. inkohlte Braunkohlenhölzer: Xylite) sind An- und Dünnschliffe [Quer- und Längs-(Radial- und Tangential-)schnitte] zur Beurteilung des anatomischen Baues der Leitbündel (Tracheen, Tracheiden, Markstrahlen, Harzgänge usw.) notwendig.

Eine weitere paläobotanische Arbeitsmethode bildet die von K. A. JURASKY eingeführte *Kutikularanalyse,* die sich mit Blattresten befaßt. Die Voraussetzung dazu war die von E. VOIGT entwickelte *Lackfilmmethode.* Diese war ursprünglich zur Konservierung von Weichteilen fossiler Lebewesen eingeführt worden. Untersuchungsobjekte der Kutikularanalyse sind die Blattoberhäutchen (Kutikula) der Blattober- und -unterseite, die bei inkohlten Blattresten fossil erhalten bleiben und sich durch den Lackfilm ablösen und nach entsprechender Mazeration im Mikroskop untersuchen lassen. Dadurch ist die Beurteilung der taxonomisch wichtigen Ausbildung der Spaltöffnungen (Stomata) der Epidermiszellen, Wasserspalten (Hydathoden) und sonstigen systematisch wichtigen Merkmalen möglich (Abb. 34).

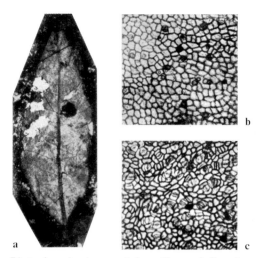

Abb. 34 a–c. Blatt eines Lorbeergewächses *(Laurophyllum bournense)* mit erhaltener Kutikula aus der eozänen Braunkohle des Zeitz-Weißenfelser Reviers. **a** Blatt, ca. $\frac{2}{3}$; **b** Epidermis der Blattoberseite, ca. 60 ×; **c** Epidermis der Blattunterseite, ca. 60 ×. (Nach K. MÄGDEFRAU, 1956)

Die zuletzt genannten Methoden ermöglichen eine wissenschaftliche Bearbeitung der Strukturen mit Hilfe von Binokular und Lichtmikroskop. Durch die Erfindung und den Ausbau der Elektronenmikroskopie in den letzten Jahren hat die Bearbeitung vor allem von Mikrofossilien wesentliche Fortschritte erfahren. Mit Hilfe von Elektronenmikroskopen sind dank der bedeutend stärkeren Vergrößerung nicht nur Mikrostrukturen wie mit dem Licht- oder mit dem Polarisationsmikroskop, sondern auch Ultrastrukturen erfaßbar. Als besonders wertvoll für die Mikropaläontologie (einschließlich der Palynologie, s. o.) hat sich das Rasterelektronenmikroskop (REM oder Stereoscan) erwiesen, das dank seiner großen Schärfentiefe die *Ultraskulpturen* in bisher nie gekannter Weise erfaßbar macht. Diese Ultraskulpturen sind für die Taxonomie von Einzellern (z. B. Foraminiferen, Radiolarien, Flagellaten, Abb. 31 und 35) ebenso wichtig wie für Kleinkrebse (Ostracoden), Pollenkörner und Sporen (Abb. 35). Der Anwendungsbereich der Elektronen-

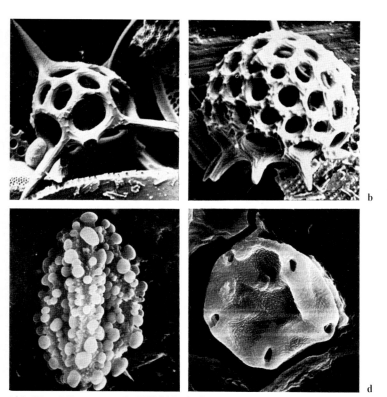

Abb. 35 a–d. Stereoscan-(= REM-)Aufnahmen von Mikrofossilien. **a** *Canno-pilus ernestinae* und **b** *Cannopilus sphaericus* (Silicoflagellata), Ober-Miozän von Santa Barbara, Kalifornien, 750×. (Nach A. BACHMANN und A. KECK, 1969). Pollenkörner von **c** *Ilex aquifolium* und **d** *Alnus* sp. aus dem Riß-/Würm-Interglazial von Mondsee, Oberösterreich, 935×. (Fotos W. KLAUS, Wien)

mikroskopie ist jedoch nicht nur auf Mikrofossilien beschränkt. In den letzten Jahren hat sich ein eigener Zweig der Paläontologie etabliert, der die Ultrastrukturen von Hartteilen fossiler (und rezenter) Organismen zu erfassen versucht. Dabei sind nicht nur beachtliche Erkenntnisse über den Schalenfeinbau (vier Grundtypen bei Mollusken: prismatische und plattige Kristalle, Sphärolithe und Kreuzlamellen) und seine taxonomi-

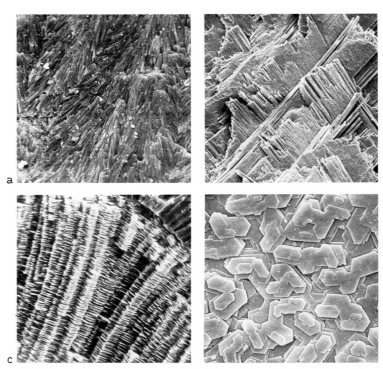

a

c

Abb. 36 a—d. Ultrastrukturen von Weichtierschalen. **a** Sphärolith-Struktur der Prismenschicht einer rezenten Meeresschnecke *(Gibbula adriatica),* ca. 390 ×; **b** Kreuzlamellenschicht einer rezenten Meeresschnecke *(Mamillana mamilla),* ca. 110 ×; **c** Aragonittäfelchen der Perlmuttschicht von „*Orthoceras" unicamera.* Ober-Karbon, USA, ca. 370 ×; **d** von *Nautilus pompilius,* rezent, ca. 725 ×. (Aufn. von Prof. Dr. H. K. Erben, freundlicherweise zur Verfügung gestellt)

sche, phylogenetische bzw. funktionelle Bedeutung gewonnen worden, sondern auch über die Art der Entstehung und das ontogenetische Wachstum von Skeletten bei den verschiedensten Gruppen von Wirbellosen. So findet sich etwa der Lamellenbau bei altertümlichen Schnecken und Muscheln sowie bei Kopffüßern, während die Kreuzlamellenstruktur bei abgeleiteten Schnecken und Muscheln anzutreffen ist. Letztere

erhöht zugleich die Schalenfestigkeit (Abb. 36). Aber auch onto-
genetisch werden etwa sphärolithische Strukturen (der Anfangskammer) vom Lamellenbau (bei Larvenstadien) und schließlich
von der Kreuzlamellenstruktur abgelöst.

Darüber hinaus gestatten diese Ultrastrukturen auch Aussagen über etwaige Veränderungen während der Fossildiagene-
se, sei es, daß die ursprüngliche Zusammensetzung sich minera-
logisch (Aragonit→Kalzit) oder morphologisch (lamelläre→
granulärer Struktur) geändert hat. Auch über die Zusammensetzung organischer Substanzen bei Hartteilen (z. B. Trilobiten,
Graptolithen) können Ultrastrukturuntersuchungen Aufschluß
geben.

In Bonn ist es die Arbeitsgruppe Biomineralisation, die unter
der Leitung von H. K. ERBEN beachtliche Erfolge erzielen
konnte. So konnte durch die Ultrastrukturforschung der Wachs-
tumsmodus der einzelnen Schalenschichten bei den Weichtieren
(Mollusken), also bei Schnecken, Muscheln und Kopffüßern,
geklärt werden. Das Wachstum der Biokristallite der Perl-
mutterschicht erfolgt nach ERBEN nach der Matrizentheorie von
einer organischen Membran aus, wobei der „Stapel-Modus" bei
Schnecken und der „Schichtstufen-Modus" bei Muscheln unterschieden werden kann.

Wissenschaftliche Bearbeitung
nach taxonomischen Gesichtspunkten

Die wissenschaftliche Bearbeitung von Fossilfunden, die verschiedentlich schon bei der Bergung beginnt, kann unterschiedliche Zielrichtungen verfolgen. Die primäre Aufgabe ist die Beurteilung der taxonomischen oder systematischen Stellung der
Fossilien. Dazu kommt ihre altersmäßige (= chronologische)
Einstufung sowie die Klärung der verwandtschaftlichen Beziehungen und damit der stammesgeschichtlichen Zusammenhänge. Weiters bilden die Lebensweise, die räumliche Verbreitung sowie die Erfassung der Beziehungen der Lebewesen zu
ihrer belebten und unbelebten Umwelt Gegenstand wissen-
schaftlicher Untersuchungen.

Die taxonomische Bearbeitung findet ihren Ausdruck im Artnamen. Jede Art erhält einen Gattungs- und Artnamen [z. B.

Canis lupus LINNÉ 1758 = Wolf, *Mammuthus primigenius* BLUMEN-BACH) 1799 = Mammut], zu denen der Autorname mit Jahreszahl hinzugefügt wird. Dieser Name ist, sofern er den Regeln der Nomenklatur entspricht (Holotypus, Priorität usw.), international gültig. Wird der Gattungsname geändert, so wird nach der Zoologischen Nomenklatur der Autorname in Klammer gesetzt. Aufgabe der Taxonomie als biologische Ordnungswissenschaft ist es, jede Art in ein System einzuordnen. Meist ist es nur ein künstliches System. Ziel der Wissenschaft ist jedoch ein sog. natürliches System, das die verwandtschaftlichen Beziehungen der Lebewesen widerspiegelt. Wie bereits oben erwähnt, geht die binominale Nomenklatur auf CARL VON LINNÉ zurück, der im 18. Jahrhundert erstmalig sämtliche damals bekannten rezenten Pflanzen und Tiere in ein System einordnete, das nach LINNÉ der von Gott geschaffenen Formenmannigfaltigkeit entsprechen sollte. Die Prioritätsregel besagt, daß der jeweils älteste Name die Gültigkeit besitzt, wobei der 1.1.1758 als Stichtag gilt (1758 = Erscheinungsjahr der 10. Auflage des „Systema naturae" von LINNÉ). D. h., vor diesem Datum binär gebrauchte Namen werden nicht berücksichtigt. Später aufgestellte Namen für die gleiche Art fallen in die Synonymie und sind ungültig, sofern dieser Name — etwa wegen seiner Bekanntheit — nicht durch die internationale Nomenklaturkommission zum Nomen conservandum erklärt wird und dadurch Gültigkeit erlangt. Die Fossilien wurden von LINNÉ noch zum Steinreich (lapidum regnum) gezählt. Erst später wurde die binäre Nomenklatur auch auf Fossilien übertragen.

Für den Paläontologen ergeben sich verschiedene Probleme nicht nur bei der Trennung der einzelnen Arten wegen deren Variabilität, die im Gegensatz zum Biologen — der die Art als Individuen einer natürlichen Fortpflanzungsgemeinschaft (Biospecies) definiert —, nur nach morphologischen Kriterien erfolgen kann (Morphospecies), sondern auch wegen der Unvollständigkeit der Fossilfunde und der unterschiedlichen Erhaltungszustände. Der Paläontologe stellt daher die Reste sämtlicher Individuen von Populationen, die in ihren typischen Merkmalen übereinstimmen, zu einer Art. Es erscheint verständlich, daß Biospecies und Morphospecies nicht identisch sein müssen.

Um die vermutlichen Verwandtschaftsbeziehungen im System zum Ausdruck zu bringen, werden verschiedene taxonomische Kategorien, wie Art, Gattung, Familie, Ordnung, Klasse, Stamm, Abteilung und Reich unterschieden, zu denen nach Bedarf noch weitere (Untergattung, Tribus, Unterfamilie, Überfamilie, Unterordnung usw.) kommen können. Alle über der Art liegenden taxonomischen Kategorien sind Abstraktionen. An sich ist dieses hierarchische System kein Beweis für eine stammesgeschichtliche Entwicklung. Immerhin lassen sich verwandte Arten (z.B. *Ursus arctos* und *Ursus spelaeus*) zu einer Gattung *(Ursus)*, verwandte Gattungen (z.B. *Ursus, Helarctos, Melursus, Tremarctos*) zu einer Familie (Ursidae) zusammenfassen, die wiederum als Angehörige einer Unterordnung (Fissipedia) zur Ordnung (Carnivora) und damit zur Klasse (Säugetiere) innerhalb des (Unter-)Stammes (Vertebrata) gestellt werden können. Die aufgezählten (obligatorischen oder fakultativen) systematischen Kategorien werden als Taxa bezeichnet.

Bei isoliert überlieferten Fossilresten, wie sie von Organismen mit mehrteiligen Skeletten oder „Organen" wiederholt bekannt sind, behilft sich der Taxonom mit künstlichen Einheiten oder Parataxa. Derartige Parataxa sind oft nichts anderes als Organarten bzw. -gattungen. Eines der bekanntesten Beispiele für letztere bildet die Gattung *Lepidodendron* (Schuppenbaum) aus dem Ober-Karbon. Reste dieser Gattung sind unter verschiedensten Namen beschrieben worden. Es sind dies einerseits die auf unterschiedlichen Erhaltungszuständen des Stammes beruhenden Form-Gattungen (z.B. *Bergeria, Knorria* und *Aspidaria*), andrerseits Organ-Gattungen, die auf Wurzeln *(Stigmaria)*, Blättern *(Lepidophyllum)* und Fruktifikationsorganen *(Lepidostrobus)* beruhen (Abb. 37). Es ist selbstverständlich, daß — sofern die artliche Zugehörigkeit gesichert ist — nur einem Namen die Gültigkeit zukommt.

Aber nicht nur Blätter, Früchte und Samen machen bei Pflanzen derartige Parataxa notwendig. Auch die isoliert, d.h. nicht in den Staubgefäßen (Antheren) oder in Sporenbehältern (Sporangien) der Mutterpflanze überlieferten Pollenkörner oder Sporen (Sporomorphae dispersae) müssen meist mit eigenem Namen versehen werden. Lediglich bei den aus eiszeitlichen Ab-

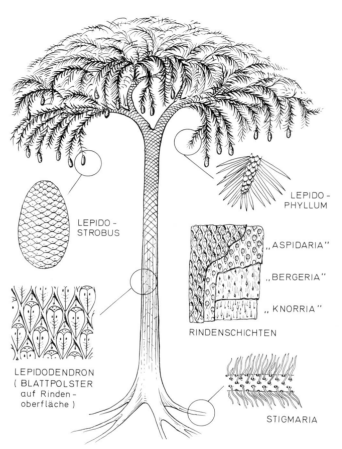

LEPIDO-
PHYLLUM

LEPIDO-
STROBUS

"ASPIDARIA"

"BERGERIA"

"KNORRIA"

RINDENSCHICHTEN

LEPIDODENDRON
(BLATTPOLSTER
auf Rinden-
oberfläche)

STIGMARIA

Abb. 37. Rekonstruktion eines Schuppenbaumes *(Lepidodendron)* aus dem Ober-Karbon. Beachte die durch verschiedene Erhaltungszustände und isolierte Überlieferung bedingten Formgattungen. *Stigmaria* Wurzeln; *Aspidaria, Bergeria* und *Knorria* Rindenstrukturen; *Lepidophyllum* Blatt; *Lepidostrobus* Zapfen. (Nach E. Thenius, 1976)

lagerungen bekannten Pollenkörnern, sofern sie sich mit rezenten Arten identifizieren lassen, erübrigen sich derartige Parataxa. Um eine Ordnung in die Mannigfaltigkeit der Pollen und Sporen zu bringen, behilft sich die Palynologie mit rein künst-

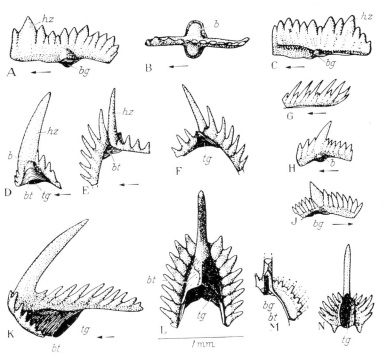

Abb. 38. Conodonten aus dem Silur. **A–C** *Ctenognathus;* **D** *Prioniodina;* **E** und **F** *Lonchodina;* **G** *Hindeodella;* **H** und **J** *Ozarkodina;* **K** *Ligonodina;* **L–N** *Trichonodella. b* Basis; *bg* Basisgrube; *bt* Basistrichter; *hz* Hauptzacke; *tg* Trichtergrube. (Nach W. GROSS, 1957)

lichen Systemen. Dies bedeutet, daß — zumindest bei den meisten präquartären Pollen und Sporen — die botanische Zugehörigkeit nicht mit Sicherheit angegeben werden kann. Unter Umständen müssen bei fossilen Pflanzenresten überhaupt Holzfloren, Blattfloren und Pollen- bzw. Sporenfloren unterschieden werden.

Ähnliches gilt für die Coccolithineen als isolierte Reste des Kalkskelettes fossiler Coccolithophoriden (Kalkflagellaten), für die winzigen isolierten Sklerite der Seegurken (Holothurien), für die Kieferelemente (Scolecodonten) von Ringelwürmern (Annelida: Polychaeta) und für die *Conodonten.* Letztere sind mikroskopisch kleine, zahnähnliche Gebilde aus Kalziumphosphat. Sie stammen aus marinen Ablagerungen des Paläozoikums und der Trias (Abb. 38). Ursprünglich als echte Zähne angesehen, zeigten histologische Untersuchungen, daß das Wachstum nicht zentripetal, sondern zentrifugal erfolgt. Weiters sind Funde im Verbund als Multi-Element-Conodonten bekannt geworden, die erkennen lassen, daß verschiedene Conodontentypen (Zahn-, Plattformtypen) beim lebenden Tier einen richtigen (? Reusen-) Apparat zur Aufnahme winziger Nahrungspartikelchen bildeten. Die Conodontenträger sind bis heute nicht mit Sicherheit bekannt, so daß die systematische Zugehörigkeit dieser Organismen, die sonst keine Hartteile besaßen, noch ungeklärt ist (? Chordata, ? Tentaculata). Es waren planktonische oder nektonische Lebewesen. Ungeachtet der ungeklärten taxonomischen Zugehörigkeit und der Tatsache, daß es meist nur Parataxa sind, bilden die Conodonten ausgezeichnete Leitfossilien.

Daß die taxonomische Stellung einer Organismengruppe innerhalb höherer taxonomischer Einheiten schwanken kann bzw. ihre systematische Abgrenzung nicht einheitlich erfolgt, beweisen etwa die Stromatoporoidea und die Tabulaten. Als Stromatoporoidea werden seit langem knollige oder lagenförmig aufgebaute Kalk-„Riffe" (Bioherme bzw. Biostrome) aus dem Paläozoikum bezeichnet, die meist als Angehörige der Hydrozoen unter den Hohltieren (Coelenterata) klassifiziert werden. Die Entdeckung rezenter Kalkschwämme mit sog. Astrorhizen (Sclerospongia; z.B. *Ceratoporella*), wie sie für Stromatoporen typisch sind, läßt jedoch annehmen, daß die fossilen Stromatoporen keine Hydrozoen, sondern Angehörige der Schwämme (Porifera) sind. Als Tabulata (Bodenkorallen) werden äußerlich sehr verschieden gestaltete Kolonien fixosessiler, also festgewachsener fossiler Organismen bzeichnet, deren röhrenförmige Skelette durch Querböden (Tabulae) unterteilt sind. Ihre systematische Einheit wird diskutiert, manche jedoch (Chaetetida) sind sicher keine Korallen (Anthozoa), sondern Schwämme (Porifera).

Daß bei geeigneter Fossildokumentation und entsprechender Methodik die taxonomische Zuordnung auch völlig aus-

a   b

Abb. 39 a, b. Graptolithen aus dem Silur der CSSR. **a** *Monograptus priodon* (Bronn) von Reporyje; ca. $^4/_5$ nat. Gr. **b** *Monograptus turriculatus* (Barr.) von Litochlav; ca. $^3/_5$ nat. Gr. Orig. Naturhist. Museum Wien (Aufn. von F. Bachmayer, Wien, freundlicherweise zur Verfügung gestellt)

gestorbener Organismen möglich ist, soll das folgende Beispiel zeigen. Seit langem sind aus Schiefern des Alt-Paläozoikums (Ordovizium, Silur) schmale, meist nur wenige Zentimeter lange, glänzende Gebilde bekannt (Abb. 39), die deshalb auch als Graptolithen (= „Schriftsteine") bezeichnet werden. Sie spielen als Leitfossilien für die Gliederung des Ordovizium und Silur eine hervorragende Rolle. Nähere Untersuchungen zeigen, daß es sich um Tierkolonien handelt, deren Einzelindividuen in sog. Theken sitzen, die an einem zentralen Achsenstab festgewachsen sind. Diese Theken sind aus Halbröhren, die an Zickzacknähten aneinanderstoßen, aufgebaut und bestehen aus einem chitinähnlichen Skleroprotein. Dies konnte erst durch geeignete Mazerations- bzw. Präparationsmethoden sowie biochemische Analysen festgestellt werden. Bau und Zusammensetzung der Theken entsprechen somit den Röhren der rezenten Pterobranchier (Flügelkiemer), winzige Tierchen, die gleichfalls in Kolonien leben (z. B. *Rhabdopleura*). Damit ist die Zugehörigkeit der Graptolithen zum Stamm der Hemichordaten (= Branchiotremata oder Stomochordata) gesichert. Sie wurden ursprünglich als Pflanzen, später als Angehörige der Hydrozoen und Bryozoen angesehen.

Mit der Klärung der taxonomischen Stellung bzw. der Benennung ist nicht nur die Grundlage für die Beurteilung der räumlichen Verbreitung (Chorologie) der einzelnen Arten, sondern auch die Voraussetzung für ihre stratigraphische (chronologische) und stammesgeschichtliche (phylogenetische) Auswertung gegeben. Die Bedeutung von Fossilien in stratigraphischer und phylogenetischer Hinsicht wird in den folgenden Kapiteln besprochen werden, wobei auch auf die Methoden hingewiesen wird.

V. Fossilien und Evolution

Die Paläontologie als wesentliche Stütze der Abstammungslehre

Wie bereits in der Einleitung erwähnt, zählt die Erforschung der Evolution der Organismen zu den Hauptaufgaben der Paläontologie. Die Fossilien sind zwar keine Beweisstücke im juristischen Sinn, jedoch die einzigen realhistorischen Belege für die stammesgeschichtliche Entwicklung, die heute für jeden wissenschaftlich anerkannten Biologen selbstverständlich ist. Der Paläontologe kann somit nicht die phylogenetische Entwicklung nachweisen, aber eine Evolution der Merkmale aufzeigen. Da eine Merkmalsevolution nicht unbedingt dem stammesgeschichtlichen Verlauf entsprechen muß, erscheint die Trennung von Evolution und Phylogenese berechtigt. Sämtliche Stammbäume oder Dendrogramme, welche die stammesgeschichtlichen Zusammenhänge aufzeigen sollen, sind hypothetisch. Nicht nur wegen der meist nur zweidimensionalen Ausführung, sondern auch deswegen, weil die für den Paläontologen als Grundlage dienenden Merkmale unterschiedlich bewertet und daher verschieden interpretiert werden. Weiters hat sich gezeigt, daß der Ähnlichkeitsgrad allein kein Gradmesser für den Verwandtschaftsgrad ist. Ähnlichkeiten können nicht nur auf verwandtschaftlichen Beziehungen beruhen, sondern auch durch Konvergenz- und Parallelerscheinungen bedingt sein. So sind Delphine und Fischechsen (Ichthyosaurier) (vgl. Abb. 16) einander im Aussehen zwar sehr ähnlich, doch sind Delphine Angehörige der Säugetiere, Ichthyosaurier hingegen Reptilien. Dies zeigt, daß eine ähnliche Funktion zu Ähnlichkeiten im Bau des Körpers oder einzelner Organe führen kann. Entstehen diese Ähnlichkeiten bei nicht näher verwandten Arten (z.B. Delphin und Fischechse), so spricht man von Konvergenzen. Als Parallelerscheinungen werden Übereinstimmungen oder Ähnlichkeiten innerhalb einer Verwandtschaftsgruppe bezeichnet [z.B. Springmaustyp bei altweltlichen *(Dipus)* und neuweltlichen Nagetieren *(Dipodomys)*]. Voraussetzung für derartige Vergleiche sind homologe Organe, wie sie etwa die Vorderextremität von Wirbeltieren bildet. Sie kann als Flosse (bei Fisch- und Flossenechsen, Walen), als Flügel (bei Flugechsen, Vögeln und Fledermäusen) oder als „normale" Vordergliedmaße (bei Eidechsen, Raubtieren, Affen usw.) ausgebildet sein. Ein Vergleich analoger Organe (z.B. Insekten- und Vogelflügel) ist hingegen nicht zielführend. Entscheidend für die Beurteilung der Homologie sind die gegenseitigen Lagebeziehungen und die Zusammensetzung der betreffenden Organe (z.B. Knochen bei Wirbeltieren, Chitin bei Insekten, Kalziumkarbonat bei Stachelhäutern als Skelettsubstanz).

Die Erkenntnis, daß die Art veränderlich ist und die Vielfalt der Lebewesen durch die Evolution entstanden ist, war zwar bereits einzelnen Naturforschern vor Ch. Darwin bekannt, doch hat sich die Abstammungslehre erst seit dem Erscheinen seines Werkes „The origin of species" im Jahr 1859 durchzusetzen begonnen. Die von Darwin erkannten Voraussetzungen und Ursachen, wie genetisch bedingte Variabilität der Arten, Nachkommenüberschuß und Selektion (Auslese) werden auch heute noch als voll gültig anerkannt. Zur Zeit Darwins war die Fossildokumentation noch nicht ausreichend, um die Fossilfunde als Stütze für die Abstammungslehre heranziehen zu können. So fehlten damals jegliche Übergangsformen zwischen heute völlig getrennten höheren taxonomischen Kategorien, wie etwa zwischen Fischen und Landwirbeltieren, Reptilien und Vögeln usw., so daß Darwin den Begriff „missing links" (= fehlende Glieder) prägte. Heute kennt man zahlreiche Fossilien, die zwischen derartigen Einheiten vermitteln. Sie werden nun als „connecting links" bezeichnet und in einem der folgenden Abschnitte besprochen werden.

Abgesehen von den seit 1859 bekannt gewordenen Fossilfunden (z. B. *Archaeopteryx,* Therapsiden), waren es vor allem die Pionierarbeiten von ERNST HAECKEL (1834–1919) und LUDWIG RUETIMEYER (1825–1895), die der Paläontologie bereits in der zweiten Hälfte des vorigen Jahrhunderts entsprechende Impulse verlieh. Seither hat auch die Mikropaläontologie ihren entsprechenden Beitrag zur Evolutionsforschung geleistet. Ein Beitrag, der in engstem Zusammenhang mit dem seinerzeit gebräuchlichen Schlagwort von der „Lückenhaftigkeit der Fossilüberlieferung" steht.

Die „Lückenhaftigkeit der Fossilüberlieferung"

Daß die Bedeutung der Paläontologie für die Evolution erst verhältnismäßig spät erkannt wurde, ist zumindest teilweise historisch begründet. Noch G. CUVIER, der Begründer der Wirbeltierpaläontologie, vertrat die Auffassung von der Konstanz der Art und konnte seinen Standpunkt auch gegenüber J. B. DE LAMARCK, der von der stammesgeschichtlichen Entwicklung der Organismen überzeugt war, durchsetzen. In der Folgezeit war es einerseits die sog. Lückenhaftigkeit der Fossilüberlieferung, die Zweifel an der Bedeutung der Paläontologie aufkommen ließ, andrerseits jedoch die Tatsache, daß die von den Paläontologen vertretenen Ansichten über die Evolutionsmechanismen absolut nicht mit den Ergebnissen der Genetiker, die nicht gerichtete Erbänderungen (Mutationen) annehmen, in Einklang zu bringen waren. Es sei hier nur an den Neolamarckisten E. D. COPE (1840–1897) aus den USA als Wirbeltierpaläontologen sowie an O. JAEKEL (1863–1929) aus Deutschland und O. ABEL (1875–1946) aus Österreich erinnert, die in den Umwelteinflüssen die wesentlichen Ursachen der Evolution sahen, an die Annahme einer gerichteten (orthogenetischen) Entwicklung und an die sprunghafte Evolution mit sog. Großmutationen, die in frühen Stadien der Individualentwicklung wirksam werden. Letztere wurde von dem bekannten deutschen Paläontologen O. H. SCHINDEWOLF (1896–1971) angenommen.

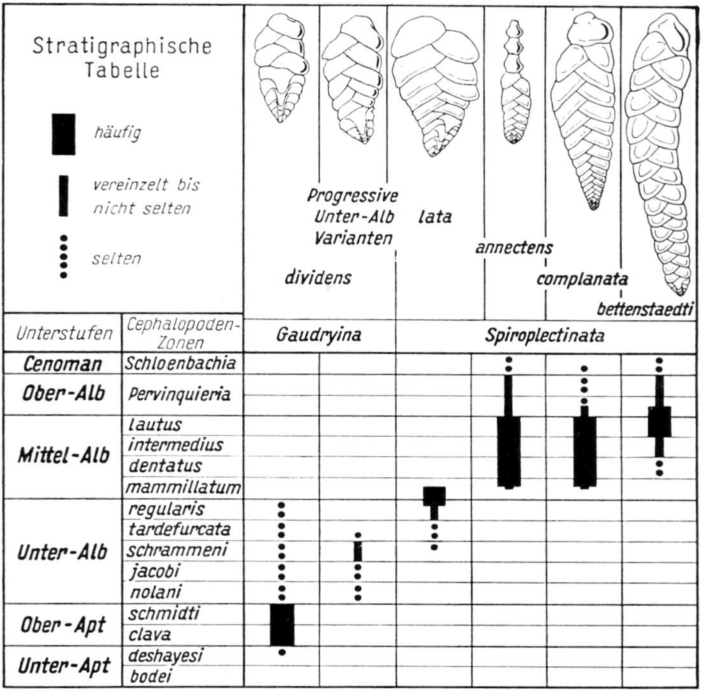

Unterstufen	Cephalopoden-Zonen	Gaudryina		Spiroplectinata			
		dividens	(Progressive Unter-Alb Varianten)	lata	annectens	complanata	bettenstaedti
Cenoman	Schloenbachia				•	• • •	• •
Ober-Alb	Pervinquieria						
Mittel-Alb	lautus				█	█	█
	intermedius						
	dentatus						
	mammillatum			█			•
Unter-Alb	regularis	•		▌			
	tardefurcata	•					
	schrammeni	•	▌	•			
	jacobi	•	•				
	nolani	•	•				
Ober-Apt	schmidti	█					
	clava						
Unter-Apt	deshayesi	•					
	bodei						

Abb. 40. Zeitliche Verbreitung und Häufigkeit der Foraminiferen *Gaudryina dividens* und von vier *Spiroplectinata*-Arten aus der Kreide Nordwestdeutschlands. (Nach B. GRABERT, 1957)

Wie sieht es nun tatsächlich mit der Lückenhaftigkeit der Fossilüberlieferung aus? Berücksichtigt man, von welchen Zufällen die Einbettung und Fossilisation sowie die Auffindung von Fossilien abhängig ist, besteht kein Zweifel über die Lückenhaftigkeit der Fossildokumentation. Allerdings muß man dauernde Lücken, wie sie bestimmte Weichteile betreffen, von vorübergehenden, wie sie bei der Hartteilüberlieferung bestehen, auseinanderhalten. Letztere schließen sich mit der fortschreitenden Fossildokumentation mehr und mehr. Dies gilt besonders für die Mikropaläontologie mit den Mikrofossilien.

61

Während Makrofossilien meist nur als Einzelfunde vorliegen, finden sich Mikrofossilien, wie etwa Foraminiferen und Ostracoden, in der Regel häufig, so daß man mit ganzen Populationen arbeiten kann. Populationen ermöglichen gegenüber Einzelindividuen die Beurteilung der Variationsbreite der einzelnen Art. Weiters läßt sich anhand derartiger Populationen aus (Bohr-)Profilen die langsame Veränderung morphologischer Merkmale, wie Gehäusegröße und -gestalt, Skulptur, Zahl und Anordnung von Kammern u. dgl., im Laufe der Zeit erkennen (Abb. 40). Ob diese Merkmalsevolution der tatsächlichen stammesgeschichtlichen Entwicklung entspricht, läßt sich meist nur vermuten. Bei komplexer gebauten Mikrofossilien, wie etwa bei Backenzähnen von Kleinsäugern, die oft massenhaft in tertiär- und eiszeitlichen Spaltenfüllungen vorkommen, wie sie aus Karsthohlräumen in Kalken bekannt sind, hat man es vielfach nicht nur mit Stufenreihen, sondern mit Ahnenreihen zu tun. Diese Populationsuntersuchungen geben nicht nur über die Zusammensetzung und Veränderung der jeweiligen Faunen Aufschluß, sondern ermöglichen auch Aussagen über die Artentstehung. Diese kann entweder durch Aufspaltung in zwei Arten (Speziation) oder durch Artumwandlung (Transformation) erfolgen, wobei neben Isolationsfaktoren auch der Zeitfaktor eine entsprechende Rolle spielt. Derartige Untersuchungen zählen zum Arbeitsbereich der *Fossilgenetik*, ein Begriff, den F. BETTENSTAEDT, der sich mit seinen Schülern vor allem mit fossilen Foraminiferen befaßt, eingeführt hat. Die Fossilgenetik bestätigt nicht nur die in kleinen Evolutionsschritten erfolgte Artumwandlung (sog. Mikroevolution) und die Mendelschen Gesetze der Genetik, sondern gibt auch Hinweise auf die Evolutionsgeschwindigkeit, die mit abnehmender Individuenzahl der Populationen zunimmt.

Wichtig erscheint, daß die am fossilen Material gewonnenen Erkenntnisse mit den experimentellen Erfahrungen der Genetiker an rezenten Objekten konform gehen. Aufgrund der derzeitigen Fossildokumentation kann man sagen, daß nicht nur die intraspezifische Mikroevolution, sondern auch die transspezifische Mega- oder Makroevolution durch die Summation kleinster Evolutionsschritte (sog. „additive Typogenese" im

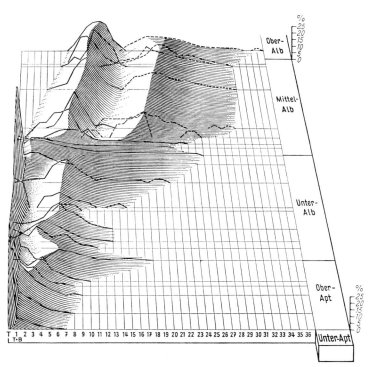

Abb. 41. Raumbild der Variationskurven zum Artenwandel durch Speziation der in Abb. 40 dargestellten Foraminiferen innerhalb einer Zeitspanne von etwa sieben Millionen Jahren. *Links* die *Gaudryina*-Stammlinie als steile, gratartige Felsmauer. Von ihr spaltet sich als Gipfelzug der Seitenzweig der progressiven *Gaudryina dividens*-Varianten ab. Aus *Spiroplectinata lata* entstehen durch Speziation die beiden *Spiroplectinata*-Äste (*Sp. annectens* und *Sp. complanata*). T + B 1, 2, 3, 4 usw.: Kammerzahlen der bi- bzw. triserialen Varianten (vgl. dazu Abb. 40). (Nach B. GRABERT, 1957)

Sinne von G. HEBERER) erfolgt ist. Diese Summation von Merkmalsveränderungen führt im Laufe der Zeit nicht nur zu artlichen (= spezifischen), sondern auch zu generischen, also gattungsmäßigen Unterschieden (Abb. 41). Der Zoologe kann gegenwärtig, mangels genügender Zeit und entsprechender Generationsfolgen, bestenfalls die unterartliche Differenzierung, etwa in Form von geographischen „Rassen" (= Subspecies), verfolgen.

Die Annahme von Großmutationen ist nicht notwendig, da die Evolution (bei kleinen Populationen) sehr rasch vor sich gehen kann.

Damit ist zugleich aufgezeigt, daß von einer „Lückenhaftigkeit der Fossilüberlieferung" zumindest auf diesem Sektor weitgehend nicht die Rede sein kann.

Probleme der stammesgeschichtlichen Entwicklung

Mit der sog. Mega-Evolution und ihren vermutlichen Ursachen ist bereits eines der Kernprobleme der Stammesgeschichte angeschnitten worden. Es erscheint verständlich, daß die Evolution nicht unabhängig von Umweltänderungen verlief, wie die zahlreichen Anpassungserscheinungen der verschiedensten Lebewesen, seien es fossile oder rezente Arten, erkennen lassen. Nur erfolgten diese nicht durch Vererbung erworbener Eigenschaften, wie dies vom Lamarckismus angenommen wurde, sondern über die Selektion.

Bei der Evolution von Makrofossilien wurden immer wieder größere Sprünge in den Merkmalsänderungen festgestellt. Etwa bei den statistisch-phylogenetischen Untersuchungen von R. Brinkmann an Ammonoideen (Gattung *Kosmoceras*) aus dem Jura (Dogger) von England oder von R. Kaufmann an Trilobiten aus dem Kambrium Schwedens (Gattung *Olenus*). Neuere feinstratigraphische Untersuchungen haben jedoch gezeigt, daß diese vermeintlichen Sprünge durch Erosionslücken bedingt sind. Außerdem können derartige Sprünge durch eine raschere Evolutionsgeschwindigkeit verursacht sein. Sie nimmt mit abnehmender Populationsgröße zu, was wiederum geringere Fossilisationsaussichten bedeutet.

Die Selektion ist nach Überzeugung der meisten Biologen der einzige, die Evolution richtende Faktor. Und zwar wird die Evolution im Sinne einer zunehmenden Ökonomisierung und Effizienz einzelner Organe gerichtet. Daß auch durch die zunehmende Spezialisierung eine Einengung in einer bestimmten Richtung erfolgt, ist verständlich. Von einer einst angenommenen Ortho-Evolution kann daher nicht die Rede sein.

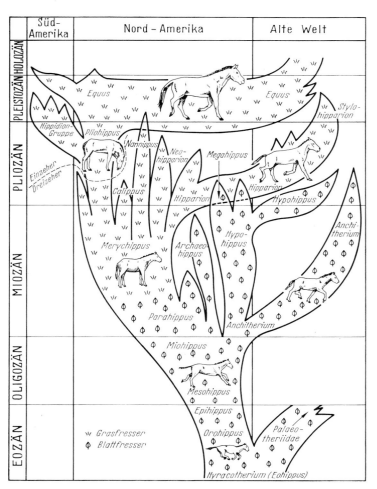

Abb. 42. Stammbaum der Pferde (Equidae). Nur die wichtigsten Gattungen berücksichtigt. Übergang von waldbewohnenden Blattäsern zu grasfressenden Steppenformen im Miozän. Der Hauptstamm mit *Anchitherium* und *Hypohippus* bereits im Jungtertiär ausgestorben. Rekonstruktionen maßstäblich. (Nach G. G. SIMPSON, 1951, ergänzt)

65

Als bekanntes Beispiel für eine *Orthoevolution* galt lange Zeit die sog. Pferdereihe. Sie schien ein ideales Beispiel für eine gerichtete Entwicklung von Vierzehern zu Einhufern zu sein. Wie jedoch neuere Untersuchungen gezeigt haben, verlief die Evolution der Pferdeartigen (Equidae) keineswegs geradlinig, indem der eigentliche Hauptstamm (Anchitherien) ausgestorben ist und die „modernen" Einhufer (Wildpferd, Halbesel, Wildesel und Zebras) Abkömmlinge einer Seitenlinie sind (Abb. 42). Auch die ursprünglich als Glieder einer Ahnenreihe angesehenen Gattungen *Anchitherium* (Alt- und Mittel-Miozän), *Hipparion* (Jung-Miozän) und *Equus* (Quartär) in Europa bilden lediglich eine Stufenreihe. Es sind jeweils Einwanderer aus Nordamerika, der Urheimat der Equiden. Die ältesten Equiden *(Hyracotherium = „Eohippus")* aus dem Alt-Eozän von Nordamerika und Europa waren katzen- bis fuchsgroße, drei- bis vierzehige Huftiere, die ähnlich den heutigen Zwerghirschen als Urwaldbewohner in einem tropischen Klima heimisch waren. Sie waren, wie bereits oben erwähnt, Blattäser. Aus ihnen entwickelte sich im Alt-Tertiär Nordamerikas bei zunehmender Größe über *Epi*- und *Mesohippus* die Gattung *Miohippus*, aus der im Miozän schließlich *Anchitherium* und *Hypohippus* hervorgingen. Diese etwa pony- bis pferdegroßen dreizehigen Pferde waren waldbewohnende Blattäser geblieben. Sie starben im Jung-Miozän wieder aus. Aus *Miohippus* entstand über *Parahippus* auch *Merychippus*, von der eine Linie über *Pliohippus* zu *Equus* und damit zu den Einhufern führte, während aus anderen die dreizehigen Hipparionen (mit *Hipparion, Calippus, Neohipparion* und *Nannippus*) hervorgingen. Von *Hyracotherium* bis *Parahippus* blieben die Kronen der Backenzähne (Molaren) niedrig. Erst bei *Merychippus* im Miozän setzte schrittweise die Hochkronigkeit der Molaren ein, die schließlich bei den Hipparionen und den Einhufern zu richtigen Säulenzähnen führte. Diese Hochkronigkeit (Hypsodontie) der Backenzähne steht in Zusammenhang mit der Umstellung vom Blattäser zum Grasfresser. Im Miozän entstanden weite offene Landschaften, in denen sich Steppengräser entwickelten. In Nordamerika läßt sich direkt die parallele Entwicklung zwischen der Hypsodontie und den Präriegräsern (Stipeae) schrittweise verfolgen

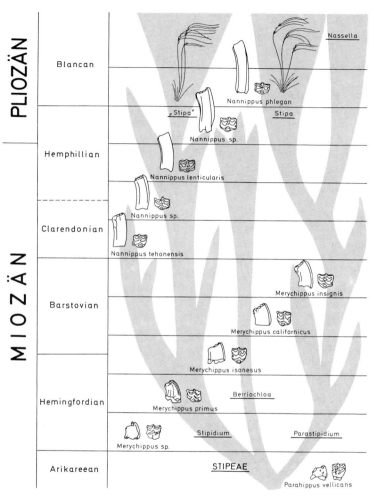

Abb. 43. Parallel-Evolution: Backenzähne (M sup.) von Equiden *(Parahippus – Merychippus – Nannippus)* und Präriegräsern (Stipeae mit *Stipidium, Berriochloa, Parastipidium, „Stipa", Stipa* und *Nassella*) im Mio-Pliozän Nordamerikas. Beachte zunehmende Hochkronigkeit der Molaren und Entfaltung der Stipeae

(Abb. 43). Sie dokumentiert die Umweltbezogenheit der Evolution der Lebewesen. Während die dreizehigen Hipparionen im Pleistozän wieder ausstarben, dominierten die Einhufer mit *Equus* im Quartär. Die Arten dieser Gattung sind gegenwärtig die einzigen Vertreter der Equiden. Sie überlebten nicht nur dank ihrer Anpassungen an die offene Landschaft im Gebiß (als Grasfesser) und im Skelett (Einhufigkeit für raschere Fortbewegung), sondern auch im Verdauungstrakt (Aufschließung pflanzlicher Nahrung durch Bakterien im stark vergrößerten Blinddarm = caecale Verdauung).

Die Evolution der Equiden hat dank der Untersuchungen von G. G. Simpson und T. Edinger noch andere Ergebnisse erbracht. Auf die unterschiedliche *Evolutionsgeschwindigkeit* bei der Entstehung der Hypsodontie wurde bereits verwiesen. Simpson konnte zeigen, daß die Veränderung der einzelnen Merkmalskomplexe (z. B. Gebiß, Schädel, Extremitäten) keineswegs gleichzeitig erfolgte. Er bestätigte damit nicht nur den *Mosaikmodus der stammesgeschichtlichen Entwicklung* (= Watsonsche Regel), sondern auch, daß die organische Evolution nicht umkehrbar ist (= *Dollosche Regel*). Diese von dem belgischen Paläontologen Louis Dollo (1857–1911) erstmals im Jahr 1893 erkannte Regelhaftigkeit besagt, daß die Evolution irreversibel ist. In der Fassung von O. Abel ist diese *Irreversibilität* so zu definieren, daß ein völlig rückgebildetes Organ nicht mehr in gleicher Weise gebildet werden kann. Auf die Equiden bezogen, bedeutet dies, daß aus Savannen und Halbwüsten bewohnenden Einhufern mit hypsodonten Backenzähnen keine mehrzehigen, blattfressenden Urwaldbewohner mehr entstehen können. Aus dem gesagten geht auch die zunehmende Einengung der Evolutionsmöglichkeiten hervor.

Der Mosaikmodus der stammesgeschichtlichen Entwicklung wird auch durch die Gehirnevolution bestätigt. Tilly Edinger, die sich systematisch mit „fossilen Gehirnen" (= Endocranialausgüsse) befaßt hat, konnte zeigen, daß die Gehirnevolution nicht mit der somatischen (= körperlichen) Entwicklung Schritt hält, sondern dieser nachhinkt. Das Gehirn von *Hyracotherium* (Eozän) entspricht nach L. Radinsky durch die gut entwickelten Riechkolben, die kaum gefurchten Großhirnhemisphären und das nur schwach überdeckte Kleinhirn dem von Insektenfressern; erst bei *Mesohippus* (Oligozän) ist der Huftiercharakter sichtbar und bei *Merychippus* (Miozän) beginnt sich der equide Typ herauszubilden. Nach dem Bau des Schädels und des Gebisses hingegen ist *Hyracotherium* zweifellos ein, wenn auch primitiver Equide.

Die Evolution der Equiden zeigt auch die Größenzunahme im Laufe der Erdgeschichte (= *Deperetsche Regel*). Allerdings gilt diese Regel, wie alle Regeln, nicht uneingeschränkt, wie das Vorkommen von echten Zwergformen (z.B. *Nannippus*) im Jung-Miozän zeigt. Die „Pferde-Reihe" ist jedoch auch mit dem Problem des Aussterbens verknüpft. Wie bereits erwähnt, sind nicht nur die Anchitherien als eigentlicher Hauptstamm ausgestorben, sondern auch die Hipparionen.

Über die Ursache des *Aussterbens* lassen sich nur Vermutungen äußern, wobei unter Aussterben das Verschwinden einer Art ohne Nachkommen zu verstehen ist, also nicht die phyletische Ablösung einer Art durch eine andere. Zunächst sei auch hier auf eine von einem Paläontologen aufgestellte Regel hingewiesen, nämlich die *Copesche Regel*. Nach dieser Regel überleben die weniger spezialisierten Arten („law of unspecialized"), wie dies zahlreiche „lebende Fossilien" (s. Kapitel IX) bestätigen. Zunehmende Spezialisierung bedeutet zunehmende Abhängigkeit von der Umwelt. Ändert sich die Umwelt, so sterben zuerst die am meisten spezialisierten Arten aus. Nahrungsspezialisten, wie etwa der australische Beutelbär oder Koala, der sich ausschließlich vom Laub weniger *Eucalyptus*-Arten ernährt, oder das afrikanische Erdferkel als Termitenfresser, sind völlig von ihrer Nahrungsgrundlage abhängig. Wird diese durch klimatische oder sonstige Änderungen zum Verschwinden gebracht, so sterben diese monophagen Formen als hochspezialisierte Arten mangels geeigneter Anpassungsmöglichkeiten aus.

Vielfach ist es die Konkurrenz durch ökologisch entsprechende Arten, die zum Aussterben führt. Als natürliches Beispiel bietet sich das Aussterben zahlreicher südamerikanischer Beuteltiere im Quartär an, die nach L. G. MARSHALL durch die von Nord- und Mittelamerika her eingewanderten placentalen Säugetiere (Raub-, Nage- und Huftiere) verdrängt wurden. Sieht man von derartigen Invasionen ab, so besteht zweifellos ein gewisses Gleichgewicht zwischen Aussterben und dem Ursprung neuer Arten ("extinction-origination equilibrium"). Ja man kann etwas überspitzt formuliert sagen, daß die Entstehung neuer Arten das Aussterben anderer voraussetzt.

Das Aussterben verschiedener Großsäugetiere Nord- und Südamerikas am Ende der Eiszeit bzw. im frühen Holozän ist zwar wiederholt mit dem Menschen in Zusammenhang gebracht worden ("overkill hypothesis"), doch fehlen bisher schlüssige Beweise für eine derartige Ausrottung. Da es in Nordamerika auch schon vor dem Erscheinen des Menschen, wie etwa am Ende des Hemphill (= Pliozän), zu einem ähnlichen Aussterben von Großsäugetieren [Nashörner, Hipparionen, Mastodonten *(Amebelodon)*, Raubtiere *(Barbourofelis)*, Kamele *(Alticamelus)*, Nabelschweine *(Prosthennops)* und anderer Paarhufer *(Cranioceras)*] gekommen ist, scheinen am ehesten klimatische Änderungen als auslösender Faktor in Betracht zu kommen. Aber auch hier sind es meist einseitig angepaßte Arten, die zuerst aussterben.

Ein ähnliches Bild ergibt sich für die eiszeitlichen Großsäugetiere Europas. Am Ende der Eiszeit verschwinden mit dem Mammut, Fellnashorn, Steppenwisent, Riesenhirsch und Höhlenbär die am meisten spezialisierten Arten, denen eine Anpassung an einen neuen Lebensraum, wie er durch die Wiederbewaldung im Spätglazial entstand, unmöglich war. Eine Ausrottung durch den Menschen ist nicht anzunehmen.

Zweifellos hat der Mensch zahlreiche Tiere ausgerottet. Meist hat er jedoch nur einen natürlichen Prozeß beschleunigt, indem er Kleinpopulationen von Inselformen, wie etwa die Dronte *(Raphus cucullatus)* von Mauritius und den Einsiedler *(Pezophaps solitarius)* von der Insel Rodriguez, die Moa-Strauße *(Dinornis, Megalapteryx* usw.) von Neuseeland und wohl auch die Riesenstrauße *(Aepyornis)* und die Riesenhalbaffen *(Megaladapis edwardsi)* von Madagaskar sowie die auf ein Schrumpfareal beschränkte Stellersche Seekuh *(Hydrodamalis gigas)* von der Kommandeur-Insel durch die Bejagung ausgerottet hat. Zahlreichen anderen Inselformen droht die Vernichtung durch eingeführte oder eingeschleppte Haus- und Wildtiere, wie etwa auf den Galapagos-Inseln durch die Störung der natürlichen Lebensgemeinschaft.

Nach wie vor lebhaft diskutiert wird das Aussterben zahlreicher Tiergruppen am Ende der Kreidezeit. Dieses Ereignis hat nicht nur Landbewohner, wie die Dinosaurier (Ornithischia und Saurischia) und die Flugechsen (Pterosauria) sowie Meeresformen, wie Fisch- und Flossenechsen, Mosasaurier, Ammonoideen, Belemnoideen, Rudisten, Inoceramen, Nerineen und Planktonforaminiferen (Globotruncanen) betroffen, sondern auch die Riffkorallen und die Globigerinen unter den Planktonforaminiferen stark dezimiert. Andrerseits ist bei den benthonischen, also bodenbewohnenden Foraminiferen praktisch keine Änderung bemerkbar. Da es sich um eine weltweite Erscheinung handelt, sind lokale Ereignisse, wie Seuchen und endokrine Reaktionen als Streßfolgen (z.B. pathologische Eischalenstruktur bei Dinosauriern durch Störung des Hormonhaushaltes nach H. K. ERBEN) praktisch auszuschließen. Von den verschiedenen angenommenen Ursachen seien außerirdische Faktoren (Supernova, Sternexplosion und erhöhter Iridiumgehalt, Meteoritenschwärme und ihre Folgen), Umpolungen des geomagnetischen Feldes, Klimaänderungen (samt Folgeerscheinungen), Trans- und Regressionen des Meeres genannt. Das Aussterben der Dinosaurier wird verschiedentlich mit deren angeblicher Warmblütigkeit in Verbindung gebracht. Eine Klimaverschlechterung am Ende der Kreidezeit sei die eigentliche Ursache, da ihnen ein Kälteschutz fehlte.

Eine Ursache allein reicht zur Erklärung nicht aus, eher scheint es das Zusammenwirken mehrerer Faktoren gewesen zu sein, wobei großklimatischen Änderungen zweifellos eine gewisse Schlüsselrolle zukommt.

„Connecting links"

Als „connecting links" werden jene Fossilformen bezeichnet, die zwischen zwei gegenwärtig völlig getrennten höheren taxonomischen Einheiten (z. B. Ordnungen, Klassen) vermitteln. Freilich ist das nicht so zu verstehen, daß es Arten sind, die als Zwischenglied heute lebende Formen verbinden, sondern stammesgeschichtliche Übergangsformen von einst.

Das wohl bekannteste, jedoch auch umstrittenste Beispiel ist der Urvogel (*Archaeopteryx lithographica* H. v. MEYER) aus dem Ober-Jura.

Dieser Urvogel vermittelt nach seiner Merkmalskombination zwischen Reptilien und echten Vögeln. Noch 1859, als DARWIN den Begriff „missing link" prägte, war kein einziges Zwischenglied, das als Beweis für seine Abstammungstheorie gedient haben könnte, bekannt. Erst 1861 wurde das erste Skelett[1] eines befiederten Wirbeltieres aus dem Ober-Jura in einem Steinbruch bei Langenaltheim in der Nähe von Solnhofen entdeckt, nachdem ein Jahr zuvor bei Solnhofen eine einzelne Feder aus den gleichaltrigen Plattenkalken zum Vorschein gekommen war. Das Skelett von Langenaltheim (= „Londoner Exemplar", da dieses sich im Besitz des British Museum of Natural History in London befindet) wurde noch 1861 von H. VON MEYER als *Archaeopteryx lithographica* beschrieben. Bisher sind insgesamt fünf Exemplare des Urvogels bekannt geworden, die einer einzigen Art angehören. Die Unterschiede zwischen einzelnen Exemplaren sind altersbedingt. Sämtliche Reste stammen ausschließlich aus den Solnhofener Plattenkalken des südlichen Fränkischen Jura [Langenaltheim (2), Eichstätt (2), Riedenburg]. Diese außerordentlich feinkörnigen Plattenkalke des Ober-Jura entsprechen der Lagunenfazies. Dank ihrer Feinkörnigkeit sind bei allen Skelettexemplaren auch Reste der Befiederung in Form von Abdrücken erhalten geblieben. Zu den vollständigsten Skelettfunden zählt das „Berliner Exemplar" (Museum für Naturkunde der Universität Berlin, DDR) (Abb. 44).

Die seit der Entdeckung anhaltende Diskussion um die systematische Stellung und die phylogenetische Bedeutung von *Archaeopteryx* ist durch die Kombination der Merkmale und ihre Interpretation bedingt. Zweifellos überwiegen die Reptilmerkmale (z. B. Schädel mit bezahnten Kiefern und einem Reptilgehirn, lange Schwanzwirbelsäule, drei freie, bekrallte

---

[1] Wie erst J. H. OSTROM vom Peabody Museum der Yale University in New Haven (USA) 1970 erkannte, war bereits im Jahr 1855 ein stark fragmentärer Skelettrest eines Urvogels gefunden, jedoch als Pterosaurier gedeutet worden.

Abb. 44. Skelett des Urvogels (*Archaeopteryx lithographica* H. v. M.) mit Abdrücken der Federn aus dem Ober-Jura-Plattenkalk von Solnhofen, Bayern. Beachte knöchernen Schwanz und freie Finger. Ca. $\frac{1}{7}$ nat. Gr. (Orig. Museum für Naturkunde, Berlin)

Finger, Bau des Beckens, kein Processus uncinatus an den Rippen, kein Brustbeinkiel). Andrerseits sind Merkmale, die einst als Vogelmerkmale angesehen wurden, auch bei fossilen Reptilien (Saurischia) nachgewiesen worden (z. B. Furcula; Tibiotarsus und ein zumindest funktioneller Tarsometatarsus in der Hinterextremität). Der Bau der Hinterextremität steht mit der bipeden Fortbewegung in Zusammenhang und ist funktionell bedingt.

Die Grenzziehung zwischen Reptilien und Vögeln ist Sache der Konvention. Nimmt man den Besitz von Federn als *das* Charakteristikum der Vögel an, so ist *Archaeopteryx lithographica* ein, allerdings primitiver, Vogel. Die aufgrund der letzten Archaeopteryxfunde vor allem durch J. H. OSTROM und P. WELLNHOFER erkannten Ähnlichkeiten und Übereinstimmungen lassen keinen Zweifel an der stammesgeschichtlichen Herkunft des Urvogels von den sog. Theropoden (z. B. *Coelophysis:* Trias, *Compsognathus:* Jura) unter den Saurischiern. Wie sind nun die stammesgeschichtlichen Beziehungen von *Archaeopteryx* zu den modernen Vögeln zu beurteilen? Verschiedene Merkmale bei rezenten Vogelembryonen (z. B. 14 Skleralplattenanlagen des Auges, „*Archaeopteryx*"-Schwanz und „*Archaeopteryx*"-Flügel) zeigen, daß *Archaeopteryx* zur Wurzelgruppe der modernen Vögel gezählt werden kann. *Archaeopteryx lithographica* ist somit ein echtes „connecting link".

Über die Entstehung des aktiven Fluges der Vögel gehen die Meinungen noch auseinander, indem einerseits ein bipeder, laufender *Proavis*, andrerseits ein arboricoler, also baumbewohnender *Proavis* angenommen wird. Nach letzterer Hypothese kam es über den Gleitflug zum aktiven Flug, während nach der ersteren die Befiederung als sog. Prädisposition entstand, die primär nicht mit dem Flugvermögen in Zusammenhang stand, sondern eher mit der Warmblütigkeit dieser Formen.

Mit dem Urvogel haben wir eine einzige Art als Zwischenglied kennengelernt. Mit den Therapsiden oder „mammal-like reptiles" aus dem Perm und der Trias ist eine ganze Gruppe fossiler Wirbeltiere erwähnt, die als „connecting links" Reptilien und Säugetiere verbinden und damit die stammesgeschichtliche Herkunft der Säugetiere von Reptilien dokumentieren. Zwischen den rezenten Kriechtieren und Säugetieren bestehen zahlreiche gravierende morphologisch-anatomische, physiologische und ethologische Unterschiede, die nicht nur beim Laien eine Verwechslung von Reptil und Säugetier ausschließen, sondern seinerzeit auch Grund genug für die Wissenschaft waren, eine Abstammung der Säugetiere von Reptilien abzulehnen.

Zu den wichtigsten Unterschieden zählen die Art der Fortpflanzung (Säugetiere lebendgebärend), die Körperbedeckung (Haare bei Säugetieren), die Körpertemperatur (konstant bei Säugetieren), das Wachstum (bei Säugetieren begrenzt), das Kiefergelenk (primäres bei Reptilien, sekundäres bei Säugetieren) und die Zahl der Gehörknöchelchen im Mittelohr (eines bei Reptilien, drei bei Säugetieren). Besonders die letztgenann-

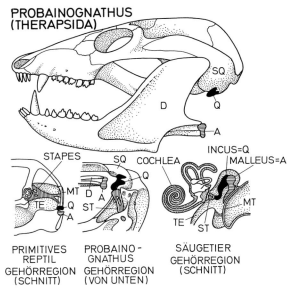

PROBAINOGNATHUS (THERAPSIDA)

STAPES SQ COCHLEA **INCUS=Q** **MALLEUS=A**

PRIMITIVES REPTIL GEHÖRREGION (SCHNITT) **PROBAINO- GNATHUS GEHÖRREGION (VON UNTEN)** **SÄUGETIER GEHÖRREGION (SCHNITT)**

Abb. 45. *Oben* Doppelgelenker (*Probainognathus,* Therapsida) aus der Mittel-Trias Südamerikas. *Unten* Mittelohr mit Gehörknöchelchen bei Reptilien (Stapes) und Säugetieren (Hammer, Amboß und Steigbügel). Elemente des primären Kiefergelenks der Reptilien (Articulare = *A* und Quadratum = *Q*) werden zu Gehörknöchelchen als Beispiel eines Funktionswechsels während der Evolution. *D* Dentale; *Mt* Membrana tympanii; *Sq* Squamosum; *St* Stapes; *T* Tuba eustachii. (Nach A. S. ROMER, 1970, kombiniert und ergänzt umgezeichnet)

ten Differenzen schienen die Herkunft der Säugetiere von Reptilien auszuschließen. Wohl hatte bereits der Anatom C. REICHERT 1837 aufgrund embryologischer Befunde die Homologie zwischen den Elementen des primären Kiefergelenkes bei Reptilien (Articulare und Quadratum) und den beiden zusätzlichen Gehörknöchelchen (Hammer und Amboß) bei Säugetieren erkannt, ohne jedoch die stammesgeschichtlichen Konsequenzen daraus zu ziehen. Die Zeit war dazu noch nicht reif, abgesehen davon, daß man sich eine derartige Umkonstruktion, die überdies mit einem echten Funktionswechsel verbunden gewesen sein müßte, nicht vorstellen konnte.

Fossilfunde aus der Triaszeit haben die Befunde von REICHERT nicht nur glänzend bestätigt, sondern zugleich auch gezeigt, wie die Natur diese mit einem *Funktionswechsel* verknüpfte Umbildung vollzogen hat. Es kam zur Entstehung von Doppelgelenkern (z. B. *Probainognathus* aus Südamerika, *Diarthrognathus* aus Südafrika), bei denen neben dem primären bereits das sekundäre Kiefergelenk ausgebildet war (Abb. 45). Dadurch konnten die Elemente des primären Kiefergelenkes (Articulare und Quadratum) nunmehr in dem räumlich unmittelbar benachbarten Mittelohr die Rolle von schalleitenden Elementen (Malleus und Incus) übernehmen. Aber noch eine weitere Bestätigung haben diese fossilen Reptilien (Therapsiden) geliefert, nämlich den Mosaikmodus der stammesgeschichtlichen Entwicklung. Unter den Therapsiden, um deren Entdeckung sich der englische Arzt ROBERT BROOM entscheidende Verdienste erworben hat, sind die Theriodontia jene Gruppe, aus der in der Trias-Zeit die Säugetiere hervorgegangen sind. Allerdings bilden sich säugetierhafte Merkmale bei verschiedenen Gruppen innerhalb der Theriodontia (z. B. Bauriamorpha, Cynodontia, Ictidosauria, Tritylodontia) heraus, so daß für den Wissenschaftler nicht nur die Grenzziehung zwischen Reptilien und Säugetieren schwierig ist, sondern auch die Nennung der eigentlichen Stammgruppe der Säugetiere (? Cynodontia). Diese Ähnlichkeit mit Säugetieren war auch der Grund, weshalb der englische Anatom R. OWEN im Jahr 1884 den von ihm als *Tritylodon longaevus* beschriebenen Schädelrest aus der Ober-Trias von Südafrika als Säugetier klassifizierte. Erst spätere, vollständigere Funde zeigten, daß es sich um ein Reptil handelte. Nach konventioneller Übereinkunft sind als Säugetiere jene Wirbeltiere zu bezeichnen, die ein sekundäres Kiefergelenk (= Squamosodental-Gelenk) und drei Gehörknöchelchen besitzen. Diese Merkmale lassen noch am ehesten eine Definition zu, da anhand der Fossilfunde keine direkten Angaben über eine etwaige Behaarung oder eine Warmblütigkeit (Endothermie) möglich ist. Aufgrund verschiedener Hinweise [Gruben für (?) Spürhaare im Oberkiefer bei einzelnen Therapsiden, knöcherne Lamellen im Nasenrachengang, Differenzierung der Rippen im Rumpfbereich] erscheint die Annahme durchaus möglich, daß

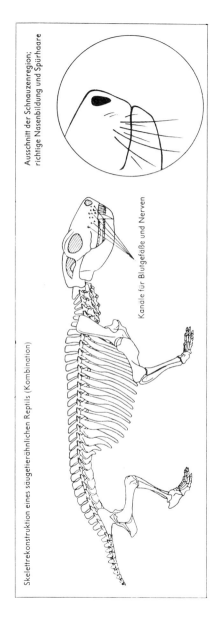

Skelettrekonstruktion eines säugetierähnlichen Reptils (Kombination)

Ausschnitt der Schnauzenregion; richtige Nasenbildung und Spürhaare

Kanäle für Blutgefäße und Nerven

Abb. 46. Skelettrekonstruktion eines säugetierähnlichen Reptils (Therapside) aus der Trias Südafrikas. Beachte Kanäle bzw. Gruben für Nerven, Blutgefäße und Haarwurzeln im Oberkiefer, die auf Lippenbildung und Spürhaare (siehe *Ausschnitt*) hinweisen. Dadurch indirekt Hinweis auf Haarkleid als Wärmeschutz bzw. für Endothermie (Warmblütigkeit)

bereits Trias-Therapsiden behaart und Warmblütler waren (Abb. 46).

Die schrittweisen Umbildungen betreffen nicht nur den Schädel und das Gebiß, sondern auch das postcraniale Skelett (z. B. Differenzierung der Wirbelsäule, Schultergürtel, Bau und Stellung der Gliedmaßen, Phalangenformel). Im Bau des Unterkiefers wird das zahntragende Element (Dentale) mehr und mehr auf Kosten der übrigen Elemente vergrößert, die entweder gänzlich rückgebildet werden (z. B. Coronoid) oder einen Funktionswechsel erfahren (z. B. Articulare = Hammer, Angulare = Tympanicum). Mit der Vergrößerung des Dentale wird auch das ursprünglich homodonte Reptilgebiß schrittweise zum heterodonten Säugetiergebiß umgestaltet. Dieses heterodonte Gebiß besteht aus verschiedenen Zahnkategorien (Schneide-, Eck-, Vorbacken- und Backenzähne), von denen die Kronen der eigentlichen Backenzähne (Molaren) eine zunehmende Komplikation durch mehrere Höcker erfahren. Diese Mehrhöckrigkeit ermöglicht nicht nur das Festhalten der Nahrung, sondern auch eine mechanische Zerkleinerung und damit eine schnellere Verdauung sowie eine raschere Energiegewinnung, wie sie für warmblütige Tiere, deren Endothermie auf dem Stoffwechsel beruht, notwendig ist. Bedenkt man noch, daß die Therapsiden in Gebieten lebten, die nicht den (sub-)tropischen Zonen entsprachen, sondern den gemäßigten Klimabereichen, so ist auch der vermutliche Zusammenhang mit der Umwelt aufgezeigt. Mit der Warmblütigkeit bei Therapsiden ist ein Themenkreis berührt, der zur Paläophysiologie gehört und auf den noch in einem der folgenden Kapitel zurückgekommen wird.

Die Ausbildung eines heterodonten Gebisses führte zwangsläufig zur Rückbildung des dauernden Zahnwechsels auf zwei Zahngenerationen (Milch- und Dauergebiß). Dieser Zustand ist bereits bei Trias-Therapsiden eingetreten. Dies und die Unterschiede zwischen Milch- und Dauergebiß machen es wahrscheinlich, daß bestimmte Therapsiden ihre Jungen bereits durch Milchdrüsen ernährt haben.

Das Beispiel der Therapsiden als „connecting links" lehrt aber zugleich, daß kleine Evolutionsschritte ausreichen, um die sog. Megaevolution zu erklären und daß die oft beträchtlichen

Unterschiede zwischen heutigen Ordnungen und Klassen erst im Laufe der Zeit durch das Verschwinden der Zwischenglieder zustande gekommen sind.

Das nächste Beispiel für „connecting links" ist deshalb besonders aktuell, weil es die stammesgeschichtliche Herkunft des Menschen betrifft. Noch 1859, als DARWIN sein Werk über die Entstehung der Arten veröffentlichte, waren keine Fossilfunde bekannt, die Aufschluß über die Herkunft des Menschen gegeben hätten. Lediglich der jungeiszeitliche Neandertaler war bereits 1856 durch den Lehrer J. C. FUHLROTT entdeckt und auch richtig als fossiler Mensch bzw. als Vorläufer des heutigen Menschen angesehen worden, doch verhinderte das autoritäre Urteil des berühmten Anatomen R. VIRCHOW, daß sich diese Auffassung schon damals durchsetzte. Der Neandertaler (*Homo sapiens neanderthalensis* KING 1864) ist für die stammesgeschichtliche Herkunft des Menschen *(Homo sapiens sapiens)* zwar ohne Bedeutung, hat jedoch in Zusammenhang mit dem meist mißverstandenen Schlagwort der „Abstammung des Menschen vom Affen", unter denen die heutigen Menschenaffen gemeint waren, eine gewisse Rolle gespielt.

Als CH. DARWIN im Jahr 1871 sein Werk über „Die Abstammung des Menschen und die geschlechtliche Zuchtwahl" veröffentlichte, war die Situation nicht besser geworden. Abgesehen vom eiszeitlichen Neandertaler und von *Dryopithecus* als tertiärzeitlichem Menschenaffen waren keine Fossilfunde bekannt, die Licht auf die Herkunft des Menschen werfen konnten. Auch die Entdeckung eines Schädeldaches und eines Oberschenkels aus der älteren Eiszeit von Java (Trinil) durch E. DUBOIS im Jahr 1891 brachte zunächst noch keinen wesentlichen Fortschritt, da diese Reste ursprünglich auf Menschenaffen *(Anthropopithecus erectus)* bezogen wurden. Erst später (1894) beschrieb sie DUBOIS als *Pithecanthropus erectus* und damit als aufrechtgehenden Affenmensch. Auffällig war nämlich, daß ein massives niedriges Schädeldach mit kräftigen Überaugenwülsten mit einem völlig „modern" wirkenden Oberschenkel vergesellschaftet war, welcher die aufrechte, bipede Fortbewegungsweise dieses Wesens dokumentierte. Vollständigere Funde aus Java und China in den Jahren nach 1927 sowie

Abb. 47. *Australopithecus africanus* DART. Der erste Fund (Kinderschädel) eines Australopithecinen von Taungs, Südafrika. (Nach G. H. R. VON KOENIGSWALD, 1968)

aus Afrika in jüngerer Zeit zeigten, daß es sich um primitive Vertreter der Gattung *Homo* handelt *(Homo erectus)*, die zweifellos Werkzeuge herstellen konnten, ohne jedoch als Angehörige von *Homo* die langgesuchten Bindeglieder zwischen Affen und Menschen zu sein.

Daß Mensch und Menschenaffen (Orang, Gorilla und Schimpanse) auf gemeinsame Stammformen zurückgehen, zeigen nicht nur die zahlreichen morphologisch-anatomischen Übereinstimmungen, sondern auch die biochemischen Befunde durch die Serodiagnostik, die auf spezifischen Reaktionen des Blutserums beruhen und denen zufolge übrigens Gorilla und Schimpanse dem Menschen näher stehen als dem Orang.

Mit der Entdeckung der *Australopithecus*-Gruppe *(Australopithecus africanus, „Paranthropus" robustus)* ab 1925 in Süd- und später auch in Ostafrika, um die sich der schon erwähnte R. BROOM gleichfalls große Verdienste erworben hat, schienen die gesuchten Bindeglieder zu Menschenaffen gefunden zu sein (Abb. 47). Doch zeigte sich mit wachsender Kenntnis der Fossilfunde, daß diese Formen, nämlich Aufrechtgeher mit einer Gehirnkapazität, die vollständig in die Variationsbreite der Menschenaffen fällt, weder aus morphologischen noch aus zeitlichen Gründen als Stammformen von *Homo* in Betracht kommen. Sie waren bereits Zeitgenossen von *Homo*, wie etwa *Homo habilis* aus dem ältesten Quartär von Ostafrika (Olduvai-Schlucht; diese etwa 90 m tiefe und 40 km lange Schlucht liegt in Tansania östlich des Serengeti-Nationalparks. Zahlreiche fossile Menschenfunde und Werkzeuge [Artefakte] haben diese Schlucht weltberühmt gemacht). Erst der in den letzten Jahren durch D. C. JOHANSON und seinen Mitarbeitern aus dem Pliozän von Abessinien (Hadar) gelungene Nachweis von *Australo-pithecus afarensis* hat hier Klarheit geschaffen. Diese Form kann aufgrund morphologischer Befunde und des erdgeschichtlichen Alters nicht nur als Stammform der übrigen (jüngeren) *Australo-pithecus*-Arten, sondern auch von *Homo* angesehen werden. Teile des postcranialen Skelettes zeigen, daß es bereits weit-gehend bipede, kurzbeinige Formen waren, für die jedoch der Nachweis von Werkzeugherstellern („tool-maker") nicht zu erbringen ist. Die angeblichen Knochengeräte der „osteodon-tokeratischen Kultur" des *Australopithecus „prometheus"* (= *africanus*) aus Makapansgat sind keine Werkzeuge, sondern lediglich seine Mahlzeitreste (vgl. auch Kapitel VII).

Mit *Australopithecus afarensis* ist die Geschichte der Men-schen (Hominiden) fast drei Millionen Jahre zurückzuverfolgen. Isolierte Zahnreste aus Afrika bestätigen ein noch um einige Millionen Jahre höheres Alter und durch *Ramapithecus* aus bis zu 14 Millionen Jahren alten Ablagerungen aus Afrika und Eurasien dürfte jene Phase markiert sein, wo Menschenaffen (Pongiden) und Menschen (Hominiden) getrennte Entwick-lungswege gingen (Abb. 48). Aus der Sicht der Fossildokumen-tation wurde die Menschwerdung durch den aufrechten Gang eingeleitet, der wiederum mit einer Umweltänderung (Ver-drängung von Urwaldgebieten durch Savannen) in Verbindung gebracht werden kann. Während die Menschenaffen sich an ein Leben in tropischen (Montan-)Urwäldern angepaßt haben, was sich in der Art der Fortbewegung, in der Ernährung, im Sozial-verhalten usw. ausprägt, ist der Mensch sekundär an die offene Landschaft angepaßt. Zahlreiche anatomische Merkmale be-stätigen dies. Auch hier kam es während der Evolution zu einem Funktionswechsel, in dem etwa einzelne Muskelpartien der Gesäßmuskulatur durch den aufrechten Gang vom Strecker

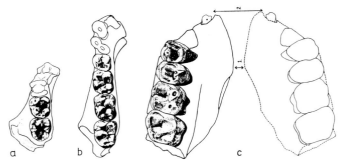

Abb. 48. Kiefer und Backenzähne von *Ramapithecus punjabicus* = *brevirostris* (**a**, **c**) aus dem Jung-Miozän von Südasien im Vergleich mit *Dryopithecus* (**b**). **a** linkes Unterkieferfragment mit M_{2-3}; **b** linker Unterkieferast mit P_4-M_3; **c** rechter Oberkiefer mit P^3-M^2, Zahnbogen spiegelbildlich ergänzt. Beachte kurzen Kieferast und (etwas hypothetisches) Rundbogen-Gebiß von *Ramapithecus*; **a** und **b** $\frac{1}{2}$ nat. Gr., **c** $\frac{2}{3}$ nat. Gr. (Nach E. L. SIMONS, 1961 und 1964)

zum Beuger werden oder die ursprünglich zur Fortbewegung dienende Hand bei den Hominiden nunmehr zur Werkzeugherstellung verwendet werden konnte. Im Zusammenhang damit erfolgte die Gehirnevolution, indem besonders die Großhirnhemisphären vergrößert wurden. Diese Entwicklung führte schließlich zur Sprache, die sich als Wortsprache von den Symbolsprachen der Tiere unterscheidet und damit die kulturelle Evolution des Menschen durch Tradition ermöglichte.

Nun aber zu einer anderen Gruppe von „connecting links", die ein Geschehen belegt, das zum wichtigsten Evolutionsschritt der Wirbeltiere zu zählen ist, nämlich die Eroberung des Landes. Die Unterscheidung von Fischen und Landwirbeltieren (Amphibien usw.) ist auch für den Laien kein Problem, da es gegenwärtig keine Übergangsformen gibt. Die rezenten Schlammspringer der Mangrovezone sind hochspezialisierte Knochenfische, die zweitweise an der Luft leben können. Um so bemerkenswerter ist es, daß Wirbeltiere (Ichthyostegalia) existierten, deren systematische Zugehörigkeit zu einer dieser beiden Gruppen selbst für den Wissenschaftler problematisch war.

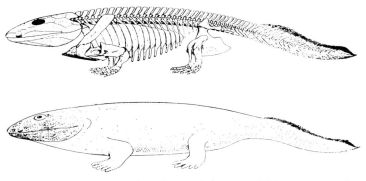

Abb.49. Skelett- und Habitusrekonstruktion von *Ichthyostega* aus dem Ober-Devon von Grönland. Ältestes Landwirbeltier. Vereint Merkmale von Fischen (echte Schwanzflosse, Reste des Kiemendeckels usw.) und Amphibien. Länge ca. 1 m. (Nach E. JARVIK, 1960)

Im Jahr 1932 beschrieb der junge skandinavische Paläontologe G. SÄVE-SÖDERBERGH Schädelreste von Wirbeltieren aus dem Ober-Devon von Grönland als *Ichthyostega* (= Fischdach), womit die Fischähnlichkeit des Schädels zum Ausdruck gebracht wurde. Tatsächlich ließen sich die Schädelreste nicht von jenen von devonischen Quastenflossern (Crossopterygii) unterscheiden. Erst vollständigere, bei den weiteren Grönland-Expeditionen unter der Leitung des Dänen LAUGE KOCH aufgesammelte Funde, die auch das postcraniale Skelett umfaßten, zeigten, daß es sich hier nicht um Fische, sondern um Vierfüßer (Amphibien) mit zahlreichen Fischmerkmalen handelte (Abb. 49). Mit dem Nachweis dieser Fischschädellurche (Ichthyostegalia) waren nicht nur richtige Übergangsformen zwischen Fischen und Landwirbeltieren, sondern zugleich auch die Herkunft der Amphibien von einer bestimmten Fischgruppe, nämlich den Quastenflossern, dokumentiert. Ähnlich wie beim Übergang vom Reptil zum Säugetier, kam es zu verschiedenen Umkonstruktionen und auch zu einem Funktionswechsel verschiedener Organe. Wie E. JARVIK zeigen konnte, besaß *Ichthyostega* noch im erwachsenen Zustand einen richtigen Fischschwanz, Reste des Kiemendeckels und ein Seitenliniensystem, wie es für Fische kennzeichnend ist. Aber auch der Bau des Schädels und Unterkiefers, der Zähne (mit sog. labyrinthodonter Struktur), der Wirbelsäule und der Rippen ist nicht oder kaum von Fischen und zwar von Quastenflossern zu unterscheiden. Die paarigen, (?) vier- bzw. fünfzehigen Gliedmaßen, die von einem vom Schädel getrennten Schultergürtel und einem mit der Wirbelsäule verwachsenen Beckengürtel gestützt werden, bestätigen jedoch die Zugehörigkeit der *Ichthyostega* zu den Tetrapoden. Die Entstehung des Tetrapodentyps war jedoch mit zahlreichen Problemen verknüpft, die Atmung, Schutz vor Austrocknung, Fortbewegung und Fortpflanzung betrafen, wie sich überhaupt die Frage stellt, warum die Fische ihren Lebensraum, das Wasser, mit seinem reichen Nahrungsangebot, mit dem natürlichen, das Körpergewicht vermindernden Auftrieb und anderen Vorteilen, überhaupt verlassen haben. Dieses Ereignis wird insofern verständlich, wenn man berücksichtigt, daß es auf dem sog. „old red continent", der Teile Nordwesteuropas, Grönland und Nordamerika umfaßte, stattfand und die Quastenflosser ebenso wie Lungenfische Süßwasserbewohner waren. Große Teile des „old red continent" lagen zur Devon-Zeit in der äquatorialen Zone, in der Trocken- und Regenzeiten periodisch wechselten. Während die Lungenfische (Dipnoi) die Trockenzeiten im trockenen Schlamm überdauerten, suchten die Quastenflosser zur Trockenzeit anscheinend größere Wasseransammlungen zum Überleben auf. Dazu dienten nicht nur die etwas verkürzten, knöchern gestützten Quastenflossen zur Fortbewegung über Land, sondern auch die Lungensäcke, die sie ähnlich den Lungenfischen außer den Kiemen zur Atmung verwendeten. Auch die Ausbildung eines Nasenrachenganges zählt zu den Besonderheiten der Rhipidistia, der Stammgruppe der Landwirbeltiere unter den Quastenflossern. Aus dieser Sicht gesehen, werden jene Merkmale, die das Landleben ermöglichen, als Anpassungen an ein Überleben von Fischen bei Trockenzeiten verständlich. Es sind richtige Prädispositionen (s. o.). Der Nasenrachengang erhält nunmehr seine volle Bedeutung, Elemente des Schädels werden zu solchen des Schultergürtels, das Hyomandibulare als Element eines Kiemenbogens wird als Stapes in der Paukenhöhle (Mittelohr) zum Schallüberträger vom Trommelfell zum Innenohr „umfunktioniert", das Spritzloch wird zur eustachischen Röhre u. dgl. mehr. Den Fischen genügte das Innenohr (Labyrinth), das mit seinen Bogengängen als Gleichgewichtsorgan und zur Schallaufnahme diente. Die bei den ältesten Amphibien noch vorhandenen (Fisch-)Schuppen verhinderten ein Austrocknen des Körpers beim Aufenthalt an Land, die Fortpflanzung erfolgte wie bei den Fischen im Wasser, so daß keine Umkonstruktion notwendig war.

Das letzte Beispiel für „connecting links" führt uns ins Reich der Pflanzen. Analog zu den Tieren, ob Wirbeltiere oder Gliederfüßer, bedeutete die Landnahme einen der bedeutendsten Evolutionsschritte in der Geschichte der Pflanzen. Ähnlich wie bei den Wirbeltieren gibt es gegenwärtig keine Übergangsformen zwischen Wasser- und Landpflanzen. Selbst die erdgeschichtlich ältesten Pteridophyten (Gefäßsporenpflanzen), wie Bärlapp-, Schachtelhalm- und Farngewächse, sind bereits echte Landpflanzen.

Bereits im Jahr 1859 beschrieb Sir WILLIAM DAWSON Pflanzenreste aus dem ältesten Devon von Kanada und den östlichen USA als *Psilophyton princeps*. Es sind kleine krautige Pflanzen, die von horizontal im Boden verlaufenden Rhizomen als aufrechte, gabelig verzweigte Luftsprosse mit winzigen, dornartigen „Blättchen" und endständigen Sporangien (Sporenbehälter) ausgebildet sind. Sie zählen zu den ältesten Landpflanzen (Psilophyten oder Nacktpflanzen), die seither aus dem Silur und Devon in größerer Zahl beschrieben wurden. Besonders gut bekannt sind die von R. KIDSTON und W. H. LANG in den Jahren 1917 bis 1921 aus alt- und mitteldevonischen Hornsteinen im „Old Red sandstone" von Rhynie in Schottland erstmalig als Rhynia *(Rhynia gwynne-vaughani* und *Rh. major)* beschriebenen Psilophyten. Die Luftsprosse sind wie bei *Psilophyton* gabelig verzweigt und tragen endständige Sporangien, doch besitzen sie weder Blätter noch Dornen. Der Bau der Luftsprosse, der dank der Verkieselung erhalten geblieben ist, weist eine Struktur auf, wie man sie sich für Gefäßpflanzen (Kormophyten) nicht ursprünglicher vorstellen kann [zentrales Leitbündel aus medianem Xylem (Holzteil) und ringförmigem Phloëm (Siebteil),

Rinde und Epidermis]. Es sind echte Landpflanzen mit Gefäß-
bündeln (zur Leitung des Wassers und der Assimilate), Stütz-
gewebe und einer Kutikula (gegen Austrocknung, Pilzbefall
u. dgl.). Sie bilden morphologisch ein Bindeglied zwischen den
als „Thallophyten" oder Lagerpflanzen (nach thallus = Lager)
bezeichneten Algen, Tangen und Pilzen, die eine Gliederung in
echte Wurzeln, Achse (Sproß) und Blätter vermissen lassen und
den (übrigen) Pteridophyten, wie Schachtelhalme, Bärlappe und
Farne. Daß die genannten Psilophyten die direkten Stammformen der übrigen Pteridophyten bilden, ist allerdings unwahr-
scheinlich und eher für silurische Psilophyten anzunehmen.
Damit ist zugleich angedeutet, daß die Landnahme durch die
Pflanzen etwas früher erfolgte als etwa durch die Wirbeltiere.
Eine Erscheinung, die sich fast wie ein roter Faden durch die
Erdgeschichte hinzieht und die Pflanzen gewissermaßen als
Wegbereiter für die tierische Evolution erscheinen läßt. So liegt
der jeweilige Beginn der erdgeschichtlichen Zeitalter nach
Pflanzen (z. B. Meso- und Känophytikum) jeweils vor denen
nach Tieren (z. B. Meso- und Känozoikum). Viel enger sind
jedoch die Beziehungen zwischen Lebewesen in jenen Fällen, in
denen von einer Ko-Evolution gesprochen wird und denen einer
der nächsten Abschnitte gewidmet ist.

Beispiele fossil belegter Evolution

Die Fossildokumentation bietet zahlreiche Beispiele für die
Evolution von Tieren und Pflanzen. Besonders interessant sind
jene Gruppen von Lebewesen, die gegenwärtig nur durch einige
wenige Arten vertreten sind und die daher oft auch als „lebende
Fossilien" (s. Kapitel IX) bezeichnet werden.

Zu den bekanntesten „lebenden Fossilien" zählt das Perlboot (Gattung *Nautilus*) als letzter Angehöriger der beschalten
Kopffüßer (Ectocochlia). Die übrigen — übrigens artenreichen
— rezenten Kopffüßer (Cephalopoda) sind die Tintenfische mit
den Sepien, Kalmaren und Kraken, die bestenfalls ein Innenskelett besitzen. Die beschalten Kopffüßer sind aus dem Paläo-
und Mesozoikum außerordentlich artenreich nachgewiesen. Im
Paläozoikum dominieren die Nautiloidea, im Mesozoikum die

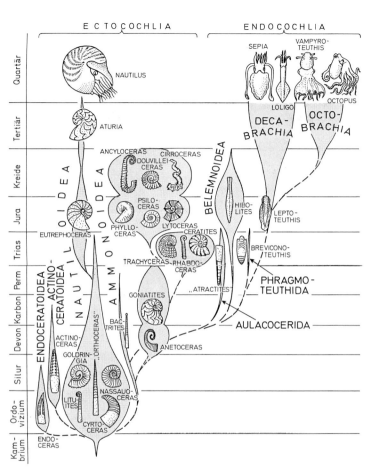

Abb.50. Evolution der Kopffüßer (Cephalopoda) mit den beschalten Formen (z. B. Nautiloidea, Ammonoidea) und den Tintenfischen (z. B. Belemnoidea, Deca- und Octobrachia). *Nautilus* als „lebendes Fossil". Aussterben der Ammonoidea am Ende der Trias und der Kreidezeit. Beachte Umwandlung des Gehäuses vom geradegestreckten (orthoconen) bei „*Orthoceras*" zum (planspiral) eingerollten bei *Nautilus* sowie vom Außen- (Ectocochlia) zum Innengehäuse (Endocochlia). Gemeinsame Stammgruppe der Ammonoidea und der Tintenfische. (Nach E. Thenius, 1976)

Ammonoidea (Abb. 50). Das Gehäuse dieser Ectocochlia ist gekammert und besteht aus der Anfangskammer, zahlreichen Gaskammern und der endständigen Wohnkammer, die vom lebenden Tier bewohnt wird. Das Gehäuse ist ein hydrostatischer Apparat, der beim Perlboot *(Nautilus)* in einer Ebene, d. h. planspiral aufgerollt ist, wobei die Windungen einander voll *(N. pompilius)* oder nur teilweise *(N. umbilicatus)* umgreifen. *Nautilus* besitzt, wie die Tintenfische, einen Trichter, der durch Ausstoßen von Wasser aus der Mantelhöhle zur Fortbewegung nach dem Rückstoßprinzip dient. Die Fossilien zeigen, wie im Alt-Paläozoikum aus gestreckten (orthoconen) Gehäusen das planspirale Gehäuse der Nautiloidea und auch der Ammonoidea entstand und daß die Trennung dieser beiden Kopffüßergruppen frühzeitig erfolgte. Die weitere getrennte Evolution von Nautiloidea und Ammonoidea wird durch deren Unterschiede im Bau und Lage des Sipho (= häutiger, blutgefäßreicher Strang, der die Anfangskammer mit dem in der Wohnkammer befindlichen Tier verbindet), in der Ausbildung der Lobenlinie, der Radula und der Kiefer bestätigt. Sie zeigen, daß die Ammonoidea den Tintenfischen (Endocochlia) näher stehen als den Nautiloidea (Abb. 50). Die Ammoniten starben am Ende des Mesozoikums völlig aus, der Rückgang der Nautiloidea setzte bereits im Paläozoikum ein. Noch zur Tertiärzeit waren einige Nautiloideagattungen weit verbreitet. Bemerkenswert ist ferner, daß die Ammonoidea während des Mesozoikums wiederholt Gehäusetypen hervorgebracht haben, die vom normalen planspiralen durch sekundäre Entrollung abweichen. Allerdings unterscheiden sich diese sog. heteromorphen Ammoniten (z. B. *Rhabdoceras, Ancyloceras, Baculites*) deutlich von ähnlichen Formen des Paläozoikums, so daß nicht von einer Umkehr der stammesgeschichtlichen Entwicklung gesprochen werden kann.

Das nächste Beispiel führt uns zu den Lungenfischen (Dipnoi), die heute nur mehr durch drei Gattungen vertreten sind, von denen allerdings nur eine einzige *(Neoceratodus)* als „lebendes Fossil" bezeichnet werden kann. Die gegenwärtige Verbreitung dieser ausschließlich im Süßwasser lebenden Fische ist als disjunkt, d. h. räumlich getrennt zu bezeichnen und außerdem tiergeographisch sehr interessant. Sie entspricht einer sog.

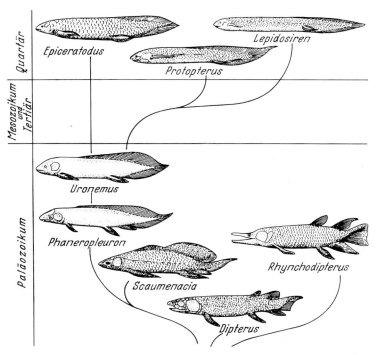

Abb. 51. Evolution der Lungenfische (Dipnoi). Größte Formenfülle im Paläozoikum (Devon). Gegenwärtig nur die Ceratodontidae (*Epiceratodus* = *Neoceratodus:* Australien) und die Lepidosirenidae (*Protopterus:* Afrika, *Lepidosiren:* Südamerika) überlebend. Nur *Neoceratodus* als „lebendes Fossil" zu bezeichnen

Gondwana-Verbreitung, indem *Neoceratodus* auf Australien, *Protopterus* auf Afrika und *Lepidosiren* auf Südamerika beschränkt ist. *Protopterus* und *Lepidosiren* sind einander sehr ähnlich, jedoch beide stark abgeleitet (z. B. aalähnlich verlängerter Körper, stark reduzierte Quastenflossen, Beschuppung und Zähne) und entsprechen daher nicht den einstigen gemeinsamen Stammformen im Paläozoikum. Demgegenüber unterscheidet sich der australische Lungenfisch *(Neoceratodus forsteri)* als „lebendes Fossil" kaum von seinen Vorfahren aus Perm und Trias, wie das Aussehen, die Beschuppung, die

Quastenflossen, die Zähne und der Schädel erkennen lassen. Lungenfische waren im Paläozoikum weltweit verbreitet und eine viel formenreichere Fischgruppe (Abb. 51). Mit der Trennung des Gondwana-Kontinentes (s. Kapitel VIII) im Mesozoikum kam es zunächst zur Isolation des australischen Lungenfisches, während die späte, erst zur Kreidezeit erfolgte Trennung von Afrika und Südamerika die Ähnlichkeit von *Protopterus* und *Lepidosiren* verständlich macht, die sich auch nach der Lebensweise (Trockenschlaf zu Trockenzeiten) als spezialisierter erweisen als der australische Lungenfisch.

Auch die heutigen Rüsseltiere (Proboscidea), die Elefanten, gehören zu einer einst viel arten- und formenreicheren Gruppe von Tieren. Die Fossildokumentation belegt nicht nur ihre einstige, fast weltweite Verbreitung und ihre afrikanische Herkunft, sondern macht auch die Entstehung des für die Elefanten so kennzeichnenden Rüssels verständlich. Zwar ist der Rüssel selbst nur vom jungeiszeitlichen Mammut (vgl. Abb. 10) fossil überliefert, doch läßt der Bau des Schädels Aussagen über die Entwicklung des Rüssels als verlängerte und stark modifizierte Oberlippe zu. Auch wenn die in Abb. 52 gezeigte Reihe nur eine Stufenreihe ist, so dokumentieren die Fossilien durch ihre zeitliche Abfolge die mögliche Entstehung des Rüssels von *Moeritherium* über die Mastodonten zu den Elefanten. Zunächst werden Ober- und Unterkiefer bei den longirostrinen Formen *(Palaeomastodon, „Mastodon" = Gomphotherium)* wegen entsprechend großer Stoßzähne verlängert. Dann erfolgt eine Rückbildung des Unterkiefers samt den Stoßzähnen und aus der verlängerten Oberlippe wird schließlich der Rüssel als vielseitig verwendbares Werkzeug der Elefanten, die gegenwärtig nur mehr durch zwei disjunkt verbreitete Arten, nämlich *Elephas maximus* in Südasien und *Loxodonta africana* in Afrika vertreten sind. Auf die sonstigen Änderungen, die Schädel, Gebiß und auch das übrige Skelett betreffen, kann hier nicht näher eingegangen werden.

Waren bei den bisher besprochenen Beispielen die heutigen Arten auf Schrumpf- oder Reliktareale beschränkt, so ist dies bei den echten Bären (Ursidae: Ursinae) nicht der Fall. Diese sind gegenwärtig weit verbreitet, wobei hier nur die Schwarzbären-

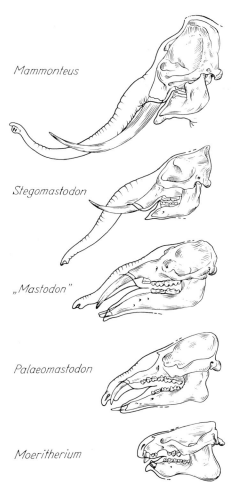

Abb. 52. Evolution (Stufenreihe) der Rüsseltiere (Proboscidea). Zeigt die Entstehung der Stoßzähne und des Rüssels. *Moeritherium* Eozän; *Palaeomastodon* Oligozän; *„Mastodon = Gomphotherium* Miozän; *Stegomastodon* Plio-Pleistozän; *Mammonteus = Mammuthus* Pleistozän. (Nach E. THENIUS und H. HOFER, 1960)

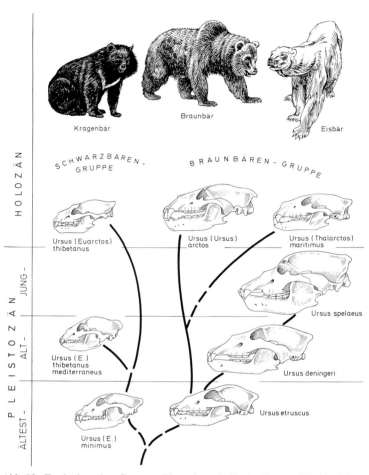

Abb. 53. Evolution der Gattung *Ursus* innerhalb der Bären (Ursidae) im Quartär. Eisbär *(Ursus maritimus)* als erdgeschichtlich junge Seitenlinie der Braunbärengruppe. Höhlenbär *(Ursus spelaeus)* ausgestorben. (Nach E. Thenius, 1976)

(Untergattung *Euarctos*) und die Braunbärengruppe (Untergattung *Ursus*) samt dem Eisbär berücksichtigt sind. Der meist als eigene Gattung abgetrennte Eisbär *(Thalarctos maritimus)* ist

92

auf die Gebiete um den Nordpol beschränkt. Er ist dadurch von den übrigen Bären, von denen die Braunbären *(Ursus arctos)* in Eurasien, Nordafrika und Nordamerika, die Schwarzbären mit den Kragenbären *(Ursus thibetanus)* und dem Baribal *(Ursus americanus)* im südlichen und östlichen Asien bzw. in Nordamerika verbreitet sind, auch räumlich getrennt.

Während die Fossilgeschichte der Schwarz- und Braunbären gut dokumentiert ist und sich bis zu ihrem gemeinsamen Ursprung zurückverfolgen läßt, blieb die Herkunft des Eisbären problematisch. Es ist zweifellos eine eigene Art, die im Bau des Backengebisses den (primitiven) Schwarzbären ähnlicher ist als den (spezialisierten) Braunbären. Um so verwunderlicher schien das fast völlige Fehlen von Fossilfunden. Wie jedoch eine Analyse zeigte, ist das Gebiß des Eisbären in Zusammenhang mit der Ernährung (vorwiegend Robben) sekundär vereinfacht. Dies und andere Befunde (z. B. gemeinsame Entoparasiten, mögliche Bastardisierung mit Braunbären) bestätigen, daß der Eisbär den Braunbären nähersteht und sich im Pleistozän aus dieser Gruppe entwickelt hat (Abb. 53). Daher ist auch eine Abtrennung als eigene Gattung überflüssig.

Nun aber zum bereits angekündigten Thema Ko-Evolution.

Ko-Evolution und die Paläontologie

Unter Ko-Evolution (im engeren Sinn) wird die Evolution ökologischer Wechselbeziehungen zwischen einzelnen Organismengruppen verstanden, wie sie etwa zwischen Blütenpflanzen und Insekten, aber auch zwischen Parasiten und ihren Wirten bereits frühzeitig erkannt wurden. Kann die Paläontologie überhaupt etwas konkret zu diesem Themenkreis beitragen? Eine durchaus berechtigte Frage. Denn nur selten geben Fossilfunde Einblick in derartige Beziehungen.

Dennoch kommt der Paläontologie eine gewisse Bedeutung zu, indem sie anhand von Fossilfunden Angaben über das jeweilige erdgeschichtliche Alter einzelner Tier- und Pflanzengruppen gestattet, bei denen gegenwärtig eine derartige Ko-Evolution festgestellt wurde. Wenn derartigen Daten und Befunden auch mit einer gewissen Vorsicht begegnet werden muß (Lückenhaftigkeit der Fossilüberlieferung, seitherige Änderung der Lebensweise usw.), so sind doch recht bemerkenswerte Übereinstimmungen im erstmaligen, durch Fossilfunde belegten Auftreten von bestimmten Gefäß- bzw. Blütenpflanzen und einerseits phytophagen (= pflanzenfressenden), andrerseits blütenbestäubenden Insekten zu beobachten. Besonders bekannt sind die Wechselbeziehungen zwischen Blütenpflanzen und ihren Bestäubern (Insekten, Vögel, Fledermäuse), wo es nicht nur zu entsprechenden Anpassungen bei den Bestäubern, sondern auch bei den Pflanzen kommt. Es sind sog. Ko-Adaptationen, wie sie im Bereich der Blüten nicht nur durch optische Signale besonders auffällig sind (vgl. OSCHE, 1979; VOGEL, 1980). Sie werden nur verständlich, wenn man die gegenwärtig oft komplizierten Wechselbeziehungen als historisch aus einfachen Ausgangsstadien entstanden annimmt.

So treten unter den Hautflüglern (Hymenoptera) die blütenbestäubenden Bienen (Apoidea) erst im Tertiär zusammen mit den höheren Bedecktsamer-(Angiospermen-)Familien auf, nachdem die ältesten Hymenopteren seit der Trias und primitive, holzwespenartige Formen bereits im Jura nachgewiesen sind. Die Bienen besitzen zahlreiche Anpassungen an den Blütenbesuch und an das Pollensammeln, angefangen von den saugenden Mundwerkzeugen (für den Nektar), dem Farbensehen (für die Blüten), dem Orientierungsvermögen und dem Verhalten (Tanz) bis zu den Borstenkämmen der Hinterbeine (zum Pollensammeln). Die Pflanzen hingegen haben neben optischen Signalen (Blüten) auch Duft- und Tastsignale ausgebildet, die auf das Verhalten der Insekten abgestimmt sind. Besonders bekannt sind die äußerst komplizierten Wechselbeziehungen zwischen bestimmten Orchideen (*Ophrys*-Arten) und Hymenopteren (Grabwespen, Hummeln), wobei das Paarungsverhalten männlicher Insekten zur Bestäubung der Pflanzen ausgenützt wird.

Weitere Beispiele bilden Pflanzengallen, wie sie etwa durch Gallwespen, Gallmücken oder Gallmilben hervorgerufen werden. Sie bieten den Larven Schutz und Nahrung in jeweils artspezifischer Weise. Auch hier lassen sich alle Stadien von einfachen bis zu hochspezialisierten Gallen unterscheiden. Besonders groß ist die Zahl der Gallerreger unter den Gallwespen

(Cynipidae), die im alttertiären Bernstein nur selten (z. B. *Cynips*) vertreten sind, was für einen relativ späten Ursprung dieser Insektengruppe spricht, im Gegensatz zu primitiven Gallenerzeugern.

Zum Thema Wirte und Parasiten und deren Ko-Evolution kann die Paläontologie praktisch nichts beitragen, da die Fossildokumentation von Entoparasiten, wie Band- und Spulwürmern, Leberegeln, Trypanosomen und Wurzelkrebsen fast völlig ausläßt. Bei Ektoparasiten, wie Egel, Zecken und andere Milben, Bettwanzen, Läusen und Flöhen ist dies allerdings doch der Fall. Die bisher ältesten Flöhe (Siphonaptera) sind aus der Unter-Kreide bekannt. Es sind einerseits Flöhe ähnlich jenen, wie sie heute auf verschiedenen Vögeln und Säugetieren schmarotzen, andrerseits primitive Formen, die lediglich auf die Existenz warmblütiger, behaarter Wirbeltiere hinweisen. Damals lebten bereits Säugetiere, die — sofern die Flöhe nicht nur deren Kommensalen (= „Mitesser") waren — als ihre Wirtstiere angesehen werden können. *Palaeopsylla klebsiana* aus dem alttertiären Baltischen Bernstein ist bereits ein „moderner" Floh, dessen nächste Verwandte heute noch auf primitiven Säugetieren (Spitzmäuse, Maulwürfe) schmarotzen.

Flügellose langbeinige Insekten mit stechend-saugenden Mundwerkzeugen, die an Fledermausfliegen erinnern, sind in jüngster Zeit von A. G. PONOMARENKO aus der Unterkreide der USSR als *Saurophthirus longipes* beschrieben und von ihm als vermutliche Ektoparasiten von Flugsauriern gedeutet worden.

Weitere Beispiele sind fossil von parasitischen Borstenwürmern (Myzostomiden), die auf Seelilien (Crinoiden) leben, sowie von „ektoparasitischen" Schnecken (z. B. *Platyceras*), die auf verschiedenen Stachelhäutern vorkommen, bereits aus dem Paläozoikum bekannt. Allerdings geben sie keine näheren Hinweise auf eine Ko-Evolution, wie sie etwa anhand rezenter Entoparasiten und ihrer Wirtstiere nachgewiesen ist. Bei derartigen Schmarotzern lassen sich nämlich die verwandtschaftlichen Beziehungen der Wirtstiere anhand der Evolution ihrer Parasiten feststellen (OSCHE, 1966).

Zum Abschluß dieses Kapitels noch einige Bemerkungen zum Problem der Entstehung des Lebens auf der Erde.

Anfänge des Lebens: Präkambrische Fossilien

Die Paläontologie vermag zwar die Frage nach der Entstehung des Lebens auf der Erde, deren Beantwortung für jeden Biologen wichtig wäre, nicht zu lösen. Dennoch geben die ältesten Fossilfunde interessante Hinweise auf die frühe Evolution des Lebens sowie darauf, daß der organischen Evolution eine *chemische Evolution* vorausgegangen ist.

Die Suche nach den geologisch ältesten Spuren von Leben auf der Erde ist praktisch so alt wie das Studium der ältesten Gesteine selbst. Allerdings haben erst die in den letzten Jahrzehnten entwickelten Untersuchungsmethoden wesentliche Fortschritte erbracht. Galten präkambrische Gesteine lange Zeit als fossilleer oder sehr fossilarm, so haben chemische und (ultra-)mikroskopische Untersuchungen nicht nur gezeigt, daß bereits in den nahezu ältesten bekannten Gesteinen mit einem Alter von 3,8 Milliarden Jahren aus Westgrönland (Isua-Gebiet) biologischer Kohlenstoff in Form von *Chemofossilien* (Chemofossilien sind Stoffe organischer Herkunft aus der Vorzeit, die meist nicht in Form von Lebewesen überliefert sind, wie etwa Aminosäuren, Farbstoffe, Bernstein usw.) enthalten ist, sondern daß das Präkambrium die Zeit der Mikrofossilien war. Die ältesten, aus etwa 3,3 Milliarden Jahre alten Gesteinen bekannten körperlich erhaltenen Fossilreste aus dem Archaikum sind Einzeller ohne echten Zellkern (Prokaryota), wie sie gegenwärtig als Blaualgen (Cyanophyceen) und Bakterien (Bacteria) bekannt sind. Diese Organismen lebten noch in einer reduzierenden Atmosphäre. Mit dem Nachweis bestimmter Blaualgen in 2,7 Milliarden Jahre alten Gesteinen ist der Beginn der O_2-Produktion anzunehmen, die schließlich zur heutigen (oxidierenden) Atmosphäre geführt hat und die Sauerstoffatmung ermöglichte. Der sog. Pasteurpunkt (O_2-Gehalt 0,01% vom gegenwärtigen) dürfte vor etwa 700 Millionen Jahren erreicht worden sein (GRABERT, 1973). Einzeller mit echten Zellkernen (Eukaryota) werden von AWRAMIK und BARGHOORN (1977) bereits aus Gesteinen der Gunflint-Serie mit einem Alter von fast 2 Milliarden Jahren angegeben. Sie dominieren im jüngeren Präkambrium (Proterozoikum). Der älteste Nachweis einer

Abb. 54. Makrofossilien (Abdrücke) aus dem jüngsten Präkambrium (Ediacara-Formation, Südaustralien). *1–4 Spriggina floundersi* GLAESSNER; *5–6 Parvancorina minchami* GLAESSNER, *7–8 Tribrachidium heraldicum* GLAESSNER und DAILY; *9* Problematikum (? Siphonophore). Sämtl. Fig. verkleinert. (Nach M. F. GLAESSNER und B. DAILY, 1959)

Zellteilung (Mitose) wird mit 1,3 bis 1,5 Milliarden Jahren, jener von Vielzellern mit mindestens 700 Millionen Jahren datiert. Makrofossilien sind, wenn man von den Stromatolithen, also Kalkabscheidungen von Blaualgen, absieht, erst aus dem jüngsten Präkambrium nachgewiesen.

Aus Sandsteinen und Quarziten des jüngsten Präkambriums Südaustraliens (Ediacara-Formation) ist in den letzten Jahren vor allem durch M. F. GLAESSNER eine Fauna beschrieben worden, die sich aus hartteillosen Organismen zusammensetzt. Die systematische Zugehörigkeit dieser ausschließlich als Abdrücke überlieferten Makrofossilien aus etwa 650 Millionen Jahre alten Gesteinen ist in manchen Fällen problematisch. Nach M. F. GLAESSNER handelt es sich um Schwämme, um medusenartige und wurmähnliche Organismen *(Spriggina, Dickinsonia),* um Seefedern *(Rangea* und *Pteridium),* (?) Stachelhäuter *(Tribrachidium)* und um Gliederfüßer *(Parvancorina)* (Abb. 54). Wenn auch die systematische Stellung einzelner Formen zur Diskussion steht, so belegen sie nicht nur die Existenz von Vielzellern ohne Skelette aus anorganischen Substanzen, sondern auch die einstige Formenmannigfaltigkeit. Dennoch zählen Makrofossilien auch im jüngsten Präkambrium zu großen Seltenheiten.

Um so überraschender ist dagegen die reiche Fossilführung im ältesten Paläozoikum (Unter-Kambrium) vor etwa 570 Millionen Jahren. Sie kann am ehesten mit der Hypothese von M. F. GLAESSNER, wonach die Lebewesen die Fähigkeit zur Kalkabscheidung erst damals erworben hätten, erklärt werden.

Mit diesen Beispielen wollen wir das Thema Evolution und Stammesgeschichte verlassen und uns den Fossilien und ihrer Bedeutung für die Altersdatierung zuwenden.

VI. Fossilien als Zeitmarken

Leitfossilien als Grundlage für die Biostratigraphie

Jede Zeit hat ihre charakteristischen Versteinerungen. Diese erstmals von MARTIN LISTER (1638–1711) erkannte, jedoch erst von WILLIAM SMITH im Jahre 1799 praktisch ausgewertete

Erkenntnis bildet die Grundlage der Biostratigraphie. W. SMITH erstellte die erste stratigraphische Tabelle. Er gilt als Begründer der (Bio-)Stratigraphie. Voraussetzung für die Stratigraphie als Lehre von den Schicht- oder Sedimentgesteinen ist jedoch das Lagerungsgesetz, das von NICOLAUS STENO (= NIELS STENSEN) im Jahre 1669 erstmalig formuliert wurde. Das Lagerungsgesetz besagt, daß bei ungestörter Lagerung die untersten Sedimente die ältesten sind. Aufgabe der Stratigraphie ist nicht nur die Beschreibung der Schichten, sondern auch deren Altersdatierung und Parallelisierung örtlich verschiedener Vorkommen. Man unterscheidet die Litho- oder Prostratigraphie, die Biostratigraphie und die Chronostratigraphie.

Die *Lithostratigraphie* befaßt sich mit der rein gesteinsmäßigen (lithologischen) Ausbildung der Gesteine (z. B. Breccien und Konglomerate, Sandsteine, Kalke, Mergel und Tone usw.) und läßt kaum eine gesicherte altersmäßige Parallelisierung zu, da sich derartige Gesteine wiederholt zu verschiedenen Zeiten bilden konnten. Die Grundlage für die *Biostratigraphie* bilden die Leitfossilien. Leit- oder Indexfossilien sind Fossilien, die für einen bestimmten Horizont (Zone) kennzeichnend sind. Sie ermöglichen eine relative Altersdatierung mit entsprechenden Begriffen. Es ist das Arbeitsgebiet der *Chronostratigraphie.*

Relative und „absolute" Chronologie

Der Wechsel der Faunen und Floren im Laufe der Zeit, der ursprünglich mit (weltweiten) Katastrophen und darauf folgenden Neuschöpfungen zu erklären versucht wurde, ist durch die stammesgeschichtliche Entwicklung bedingt. Dadurch ist auch eine schrittweise Angleichung der Faunen und Floren der Erdneuzeit (Känozoikum) an die gegenwärtigen gegeben. Diese sukzessive Übereinstimmung mit rezenten Faunen und Floren wurde einst als Grundlage für die Gliederung des Tertiärs und Quartärs herangezogen. Noch heute erinnern Begriffe wie Eozän, Miozän, Pliozän und Pleistozän daran (s. Tabelle auf S. 187).

Der stammesgeschichtliche Wandel der Organismen ist die Voraussetzung für das Vorkommen von Leitfossilien und damit für die relative Chronologie der „Vorzeit" überhaupt. Fossilien ermöglichen keine Angaben über das absolute Alter der Fundschichten, sondern nur eine relative Datierung. Durch Fossilien belegtes Geschehen erfolgte nicht vor so und soviel Jahren oder Jahrmillionen, sondern im Ober-Karbon, Unter-Jura, Maastricht oder Eozän usw.

Absolute Daten, wie sie die *Geochronometrie* liefert, sind einerseits durch den Zerfall radioaktiver Elemente, andrerseits durch die jahreszeitlich bedingte Schichtung mancher Sedimente möglich. So kommt es in Schmelzwasserseen, wie sie etwa aus dem Spät- und Postglazial bekannt sind, zur Bildung von jahreszeitlich geschichteten Bändertonen, die in Skandinavien zur sog. Bänderton- oder Warvenchronologie der Spät- und Nacheiszeit geführt haben. Diese Warvenchronologie ermöglichte in Skandinavien, das zur letzten Eiszeit von einem Inlandeisschild bedeckt war, durch Kombination zahlreicher Bändertonablagerungen eine exakte Gliederung der jüngsten Jahrtausende.

Grundsätzlich der gleichen Methode bediente sich die Dendrochronologie, die vergleichende Jahresringdatierung an Holzgewächsen. Sie ist jedoch nur für die Datierung des Holozäns von Bedeutung. Während die Bändertone und die Jahresringe durch ihr Gefüge einen zeitkennzeichnenden Zustand bewahrt haben und eine Registrierung der Jahre ermöglichen, erlauben die radioaktiven Mineralien umgekehrt eine Aussage durch die Verwandlung, die seit der Zeit ihrer Bildung durch den ständigen Zerfall eingetreten ist. Sie wirken als „geologische Uhren", die mit Sanduhren verglichen werden können. Ist die Geschwindigkeit bekannt, mit welcher der Sand herabrieselt, so läßt sich aus dem Verhältnis beider Mengen (im oberen und unteren Teil der Sanduhr) die Zeit berechnen, die seit dem Beginn des Ablaufes verstrichen ist. Radioaktive Mineralien entstehen in magmatischen Schmelzen, indem es durch fortschreitende Abkühlung zur Auskristallisierung und damit zur Bildung dieser Mineralien kommt. Ab dem Zeitpunkt ihrer Bildung beginnt die „Sanduhr" zu laufen.

Die konstanten Zerfallszeiten radioaktiver Elemente, bzw. von Radio-Isotopen, bilden die Grundlage der „absoluten" oder besser gesagt radiometrischen Datierung der erdgeschichtlichen

Perioden. Jedes radioaktive Element hat eine charakteristische „Halbwertszeit" (Zeit, in der die Hälfte der Atome ungeachtet physikalischer Einflüsse zerfällt), die experimentell festgestellt und absolut konstant ist. Uran rund 4,5 Milliarden, Thorium ungefähr 15 Milliarden Jahre. Es sind richtige Atomuhren. Unterschiede in den nach diesen radioaktiven Elementen gewonnenen Daten sind meist auf die nur annähernd mögliche Parallelisierung magmatischer oder Massengesteine mit fossilführenden Ablagerungen zurückzuführen. Die Dauer der einzelnen erdgeschichtlichen Perioden und Stufen kann jedoch als annähernd gesichert gelten (vgl. Zeittafel). Hier ist es eher die unterschiedliche Grenzziehung zwischen den einzelnen Perioden, die zu verschiedenen Werten führt.

Die wichtigsten radioaktiven Elemente sind Uran (Atomgewicht 238), Aktino-Uran (235) und Thorium (232). Aus diesen Elementen entstehen durch Zerfall (Ausstrahlung von Alpha- und Beta-Teilchen sowie Gamma-Strahlung) nacheinander verschiedene Elemente, von denen nur das zuletzt entstandene unveränderlich ist und die Eigenschaft des Bleies besitzt (Atomgewicht 206, 207 und 208 nach den oben genannten Ausgangselementen).

Die auf Radio-Isotopen, d. h. auf radiogenen Isotopen beruhenden Datierungsmethoden sind erst in den vergangenen Jahrzehnten entwickelt worden. Die bekannteste ist die Radiokarbonmethode, die sich des Kohlenstoff-Isotops ^{14}C bedient. Gewöhnlicher Kohlenstoff hat das Atomgewicht 12 (= ^{12}C). Viel seltener sind die Kohlenstoffabarten mit den Atomgewichten 13 ^{13}C und 14 ^{14}C. Letztere ist in der Lufthülle in Form von Kohlensäure vorhanden und wird von pflanzlichen Organismen über die Assimilation aufgenommen. Über diesen Umweg gelangt ^{14}C entweder über den natürlichen Kreislauf in die Atmosphäre zurück oder wird mit den organischen Resten im Boden abgelagert, wo der mit dem Absterben begonnene Zerfall weitergeht. Infolge der kurzen Halbwertszeit (5,570 Jahre) kann die ^{14}C-Methode nur für die Datierung der letzten 50 000 Jahre herangezogen werden. Dem Paläontologen hat sie wertvolle Daten über den genauen Zeitpunkt des Aussterbens eiszeitlicher Säugetiere geliefert.

Eine weitere Radio-Isotopen-Methode ist die Kalium-Argon-Methode (^{40}K bildet ^{40}Ar), die infolge ihrer Halbwertszeit vor allem für die radiometrische Datierung der Tertiärzeit wichtig ist. Ausgangspunkt sind Glimmermaterialien, wie Biotit und Muskovit, ferner Glaukonit und Hornblende. Sie reagieren jedoch auf höhere Temperaturen durch Argonverlust verschieden und können dadurch unterschiedliche (Mineral-)Alterswerte liefern. Meist wird dadurch nur das erdgeschichtlich jüngste, mit einer entsprechenden Temperaturerhöhung verbundene Ereignis, altersmäßig erfaßbar. Auch die Rubidium-Strontium-Methode spielt eine wichtige Rolle.

In ihrer Gesamtheit lassen diese „geologischen Uhren" nicht nur radiometrische Datierungen des Phanerozoikums (Paläo-, Meso- und Känozoikum) zu, sondern auch des Präkambriums und damit Schlüsse auf die vermutliche Dauer des Bestehens der Erde, die neuerdings mit etwa 4,6 Milliarden Jahren angegeben wird. Diese Zeitspanne ist etwa neunmal länger als die seit dem Beginn des Erdaltertums (Paläozoikum) vergangene Zeit, mit dem die Fossilführung erst richtig einsetzt. Auf die Strecke London–Wien übertragen, würde dies bedeuten, daß erst ab Linz reichlicheres Leben zu erwarten wäre.

Für den Paläontologen ist die genauere radiometrische Datierung vor allem für die Beurteilung der Evolutionsgeschwindigkeit, von der bereits im vorhergehenden Kapitel die Rede war, wichtig. Aber auch für die exakte Parallelisierung verschiedener Fossilvorkommen ist sie oft entscheidend, besonders wenn es um die Unterscheidung von Entstehungs- und Ausbreitungsgebieten geht.

Der Vollständigkeit halber sei noch auf den Fluortest hingewiesen, der auf dem Fluorgehalt fossiler Knochen und Zähne beruht. Er nimmt in der Regel mit dem höheren erdgeschichtlichen Alter zu, doch ist die Zunahme im Gegensatz zum Zerfall radioaktiver Elemente stark von verschiedenen äußeren Faktoren beeinflußt. Dadurch ist der Fluortest zur Altersdatierung zwar nur beschränkt verwertbar, doch hat er sich bei der Aufdeckung von Fossilfälschungen oder bei der Beurteilung der Herkunft verschleppter Fossilreste bestens bewährt, worauf bereits im Kapitel II hingewiesen wurde.

Nun aber nochmals zur Biostratigraphie. Die Gliederung von Sedimentgesteinen durch Fossilien erfolgte zunächst dort, wo reiche Faunen vorhanden waren und die ursprüngliche Lagerung nicht nachträglich gestört ist, wie etwa im süddeutschen Juragebirge. Hier haben die grundlegenden Untersuchungen der Ammoniten durch F. A. QUENSTEDT (1809–1889) und seinen Schüler A. OPPEL (1831–1865) zur klassisch gewordenen Gliederung des Jura geführt, nachdem bereits in England ähnliche Gliederungsversuche vorangegangen waren.

Ähnlich klassisch gewordene Gebiete, die für die Chronologie einer Periode maßgebend waren, sind das Bergland von Wales (Kambrium, Ordovizium und Silur), das Ostseegebiet (Silur), Südwestengland (Devon), Belgien (Karbon), Mitteldeutschland bzw. Ural (Perm und Trias), Südwestfrankreich und Westschweiz (Kreide), Pariser, Londoner, Belgisches und Wiener Becken (Tertiär). In diesen Gebieten liegen zahlreiche stratigraphische Typusgebiete.

Die Namen der Perioden beziehen sich auf Landschaften (Jura, Kambrium = alter Name für Wales, Devon nach der Grafschaft Devonshire, Perm nach dem Verwaltungsbezirk Perm im Ural) und ihre einstigen Bewohner (Silurer und Ordovizier als keltische Volksstämme in Wales), auf kennzeichnende Gesteine (Kreide nach Kreideablagerungen, Karbon nach der Steinkohle), auf die Gliederung (Trias nach der Dreigliederung in Deutschland) bzw. auf die einstige erdgeschichtliche Großgliederung [Tertiär und Quartär als Ergänzung zum „terrain primaire" (= Präkambrium + Paläozoikum) und „terrain secondaire" (= Mesozoikum)]. In wenigen Jahrzehnten, hauptsächlich in der ersten Hälfte des vorigen Jahrhunderts, wurde die biostratigraphische Großgliederung geschaffen, die in den Grundzügen auch heute noch gültig ist.

Welche Organismen eignen sich am besten als Leitfossilien? Auch hier haben sich die Auffassungen im Laufe der Zeit geändert. Waren es ursprünglich nur Makro-, also Großfossilien, die als Leitfossilien herangezogen wurden (z. B. Ammonoideen, Belemnoideen, Nautiloideen, Trilobiten, Graptolithen, Brachiopoden, Schnecken und Muscheln; Abb. 55), so haben gegenwärtig die Mikrofossilien (z. B. Foraminiferen, Ostra-

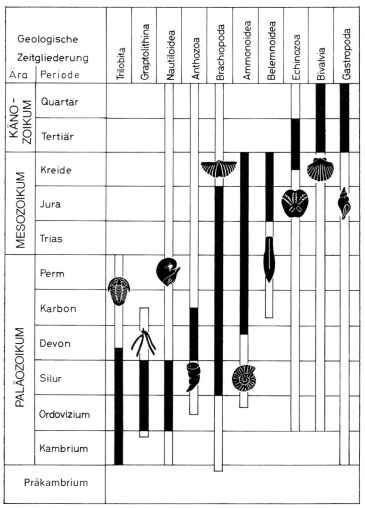

Abb. 55. Die stratigraphisch wichtigsten Makrofossilgruppen. *Weiße Säule* zeitliche Verbreitung; *schwarz* Zeitspanne, in der als Leitfossil wichtig

coden, Conodonten, Coccolithineen, Silicoflagellaten, Klein-säugetiere) eine größere Bedeutung erlangt. Voraussetzung für die Verwendung als Leitfossil ist ihre fossile Erhaltungsfähigkeit und ihre einwandfreie Identifizierung. Dazu kommen eine kurze Lebensdauer als Art und eine möglichst weite Verbreitung. Außerdem muß das autochthone oder synchron allochthone Vorkommen gesichert sein. Ideale Leitfossilien sind bei weltweiter Verbreitung auf einen engen zeitlichen Horizont beschränkt. Derartige Voraussetzungen erfüllen am ehesten schwimmende (nektonische) oder schwebende [(pseudo-)planktonische] Meeresorganismen. Letztere sind hauptsächlich unter den Mikrofossilien zu finden, wie etwa Plankton-Foraminiferen, Radiolarien, Kalk- und Silicoflagellaten, denen eine besondere Bedeutung bei der weltweiten (interkontinentalen) Korrelation zukommt.

Interkontinentale Korrelation

Die Abgrenzung der einzelnen Zonen, Stufen und höheren stratigraphischen Einheiten ist Sache internationaler Konvention. Zahlreichen ständigen stratigraphischen Kommissionen obliegt die international gültige Festlegung der Grenzen bzw. der Lösung derartiger strittiger Fragen. Da die Typusgebiete der meisten stratigraphischen Einheiten in Europa liegen, ist eine Übertragung der Namen auf außereuropäische Gebiete und damit andere Kontinente nur durch weltweit verbreitete Leitfossilien, wie sie vor allem unter den Planktonorganismen anzutreffen sind, möglich. Wo dies nicht der Fall ist, müssen lokale Namen verwendet werden.

Eine derart weltweite Parallelisierung ist, wie die seit 1968 systematisch durchgeführten Meeresbodenuntersuchungen in allen Ozeanen im Rahmen des DSDP-Programmes mit dem US-Forschungsschiff „Glomar Challenger" gezeigt haben, tatsächlich möglich. Heute existieren weltweite Zonengliederungen des Känozoikums nach Planktonforaminiferen (P 1–P 22 für Paläogen, N 1–N 23 für Neogen + Quartär) und nach dem sog. Nannoplankton (Kalk- und Kieselflagellaten; NP 1–NP 25, NN 1–NN 21). Derartige Gliederungen werden parallel nebeneinander verwendet. In den USA sind für das Tertiär eigene, auf verschiedenen Organismusgruppen basierende Gliederungen gebräuchlich, wie die „mammal-ages", „invertebrate-megafossilstages" und die „benthic-foraminiferal-stages". Eine direkte Parallelisierung dieser Systeme ist wegen der Faziesunterschiede oft unmöglich.

Die Zone als Grundeinheit — Ortho- und Ökostratigraphie

Ähnlich wie in der Systematik die Art (Species) die Grundeinheit darstellt, bildet die *Zone* die Ausgangsbasis für die Biostratigraphie. Die Definition der Zone im Sinne einer *Biozone* hat erstmalig A. OPPEL im Jahr 1856 gegeben. Sie wird durch die Lebensdauer einer Art bestimmt [z. B. Zone des *Psiloceras planorbe* für den ältesten Jura (α_1); Abb. 56]. Probleme ergeben sich meist bei der Abgrenzung der einzelnen Zonen gegeneinander. Ideale Zonenfossilien sind bei einer Ahnenreihe zu erwarten, wo eine Art die andere ablöst und damit auch meist die Überschneidung der Lebensdauer zweier Arten ausgeschlossen werden kann (= Phylozone). Eine Zone kann auch durch eine Fauna definiert werden. Man spricht dann von einer Faunen- oder „assemblage"-Zone [z. B. Lageniden- und Sandschalerzone des Badenien (Miozän) im Wiener Becken].

Wie bei der Taxonomie lassen sich verschiedene stratigraphische bzw. chronologische Einheiten in aufsteigender Reihenfolge unterscheiden. Die wichtigsten Einheiten sind, abgesehen von der (Bio-)Zone, die Stufe (= Alter), Epoche, Periode (= System oder „Formation") und das Zeitalter (= Ära), wie das folgende Beispiel zeigt:

Zeitalter .... Mesozoikum
Periode .... Jura
Epoche .... Lias
Stufe .... Hettang
Zone .... α_1 (= *Psiloceras planorbe* Zone)

Die durch den phyletischen Artenwandel mögliche stratigraphische Gliederung kann man als Orthostratigraphie bezeichnen. Sind die Änderungen im Laufe der Zeit nur ökologisch bedingt, so spricht man von einer Ökostratigraphie. Das beste Beispiel für eine Ökostratigraphie bildet das Spät- und Postglazial. Da es während dieser erdgeschichtlich kurzen Zeitspanne zu keinem Artenwandel kam, benützt man das Auftreten

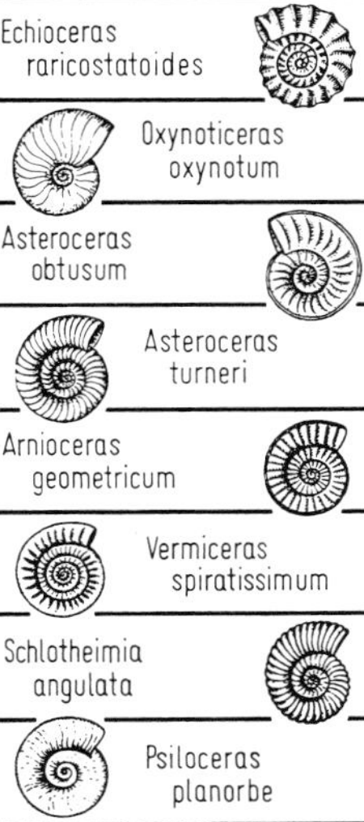

allgemeine Gliederung		Schichtglieder		Zonenfossilien	
Lias	Sinemurium	β_2	untere Tone	Oxynoticeraten-Schichten	Echioceras raricostatoides
					Oxynoticeras oxynotum
		β_1			Asteroceras obtusum
					Asteroceras turneri
		α_3	Gryphaeen-Kalke	Arietiten-Schichten	Arnioceras geometricum
					Vermiceras spiratissimum
	Hettangium	α_2	Angulaten-Sandsteine	Schlotheimien-Schichten	Schlotheimia angulata
		α_1	Psiloceraten-Tone	Psiloceraten-Schichten	Psiloceras planorbe

Abb. 56. Ammoniten als Zonen-Fossilien im älteren Jura (Lias) von Schwaben (Süddeutschland)

und den Prozentsatz bestimmter Baumgewächse, wie sie in zeitlicher Folge im Zuge der Wiederbewaldung in Mitteleuropa auftreten. Zur Zeit der letzten Kaltzeit, im Würm-Glazial, war nicht nur ganz Nordeuropa von einem Inlandeisschild bedeckt, sondern auch Mitteleuropa eine baumlose Tundra- und Löß-steppenlandschaft. Mit der Erwärmung und dem Zurückweichen des Eisschildes kam es zur sukzessiven Wiederbewaldung, die vor allem durch Pollenkörner nachweisbar ist. Mit Hilfe von Pollendiagrammen aus Mooren, Seeablagerungen u. dgl. lassen sich verschiedene Baumgesellschaften unterscheiden, die von einem Birken- und Kiefermaximum über ein Haselmaximum zu Eichenmischwäldern und schließlich zu Buchenwäldern führen, die in jüngster Zeit — bedingt durch den Menschen — von einer Vorherrschaft von Fichtenwäldern abgelöst werden.

Eine ähnliche ökologisch gesteuerte, jedoch mit einem Artenwandel verbundene Entwicklung ist für das Miozän des Wiener Beckens festzustellen. Hier ist der entscheidende ökologische Faktor die Salinität, also der Salzgehalt der Gewässer. Ausgehend von vollmarinen Ablagerungen mit einer typischen artenreichen (euhalinen) Meeresfauna im Badenien, kommt es im Sarmatien zu einer Senkung des Salzgehaltes und damit zu sog. brachyhalinen Faunen (mit $17-30^0/_{00}$), die im Pannonien von einer brackischen Fauna (mit $5-17^0/_{00}$) abgelöst werden, um schließlich im Pontien in eine reine limnische, also Süßwasserfauna überzugehen. Anschließend kommt es im Bereich des Wiener Beckens zur Verlandung.

Während die vollmarinen Faunen des Badenien noch Plankton-Foraminiferen, Radiolarien, Kalkflagellaten, Kalkschwämme, Korallen, Grabfüßer (Dentalien), Kopffüßer (Tintenfische) und Stachelhäuter (Seeigel, See- und Schlangensterne, Seegurken) enthalten, fehlen diese den Sarmat-, Pannon- und Pontfaunen (Abb. 57). Dafür ist in den artenarmen brachyalinen und brackischen Faunen die Artenfülle durch den enormen Individuenreichtum kompensiert. Die Sarmatablagerungen werden nach den häufigsten Fossilien auch als Cerithienschichten, die Pannonsedimente als Congerienschichten bezeichnet. Im Sarmatmeer dominieren Schnecken [z. B. Cerithien mit *Cerithium* und *Pirenella;* ferner *Calliostoma, Hydrobia* und *Mohrensternia* („*Rissoa“), Dorsanum*] und Muscheln [*Limnocardium, Irus* („*Tapes“), Mactra, Ervilia*] neben Foraminiferen (Elphidien, *Nonion granosum*), Muschelkrebschen (Ostracoden), Moostierchen (Bryozoen), Röhrenwürmern (Serpuliden) und einigen anderen Meerestierchen. Im Pannonsee hingegen herrschten die Brackwassermuscheln mit Arten der Gattung *Congeria* und *Limnocardium,* ferner die Schnecken mit *Melanopsis* und *Brotia* sowie Muschelkrebschen vor. Die pontische Wasserfauna ist eine See- und Flußfauna aus Süßwassermuscheln (z. B. *Unio, Anodonta, Pisidium*) und -schnecken (z. B. *Planorbarius, Valvata, Theodoxus*), Muschelkrebschen und Süßwasserfischen (Weißfische, Welse, Hecht usw.).

Damit sind die Unterschiede zwischen den verschiedenaltrigen Faunen des Wiener Beckens im Miozän aufgezeigt, die

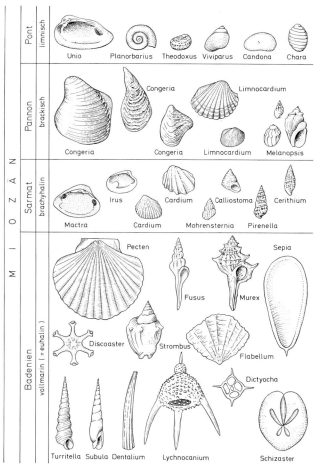

Abb. 57. Ökostratigraphie. Fossilfolge im Mittel- (Badenien) und Jung-Miozän (Sarmat, Pannon und Pont) des Wiener Beckens durch Änderung der Salinität. Beachte Artenverarmung. (Nach E. Thenius, 1977)

primär durch die wechselnde Salinität bedingt sind. Ökologische Faktoren führen nicht nur zu starken Faunenunterschieden im Laufe der Zeit, sondern auch zu Verschiedenheiten bei gleichzeitig lebenden Faunen und Floren. Damit ist ein Thema angeschnitten, das bei der Parallelisierung gleichaltriger Vorkommen eine große Rolle spielt.

Biostratigraphie und Ökologie

Ökologische Faktoren können zu sehr großen Problemen bei der Parallelisierung gleichaltriger Faunen und Floren führen. Dies gilt nicht nur für terrestrische und aquatische Faunen, sondern auch für marine Faunen, die entweder als Küsten-, als Flachwasser- oder als Tiefwasserfaunen ausgebildet sein können. Häufig bereitet bereits die altersmäßige Gleichsetzung der Rand- und Beckenfazies entsprechende Probleme. Unter *Fazies* ist hier der erstmalig 1838 von dem Schweizer A. GRESSLY geprägte Begriff für die Gesamtheit des organischen und anorganischen Inhaltes einer Schicht verstanden. Das Problem für den Biostratigraphen ist es daher, faziell bedingte Unterschiede von altersmäßigen auseinanderzuhalten. Für die Parallelisierung der Rand- und Beckenfazies eines bestimmten Sedimentationsraumes, wie etwa Leithakalk und Badener Tegel im Wiener Becken, lassen sich meist faziesbrechende Leitfossilien heranziehen; dies sind Lebewesen, die nicht an eine bestimmte Fazies gebunden sind, sondern etwa in kalkigen, sandigen und tonigen Sedimenten vorkommen. Es können unter Umständen marine Planktonorganismen sein, die in den obersten Wasserschichten leben und deren Gehäuse nach ihrem Tode auf den Meeresboden, sei es in der Rand- oder Beckenfazies, absinken und dort fossil werden.

Viel wichtiger für die Parallelisierung derart faziell verschiedener Ablagerungen sind jedoch Pollenkörner, die als Blütenstaub windblütiger Pflanzen durch Winde über Hunderte von Kilometern verweht werden können. Dank ihrer Widerstandsfähigkeit, der massenhaften Produktion und auch der Möglichkeit der artlichen Identifizierung von Pollen und Sporen kann die Palynologie durch Leitformen eine altersmäßige Parallelisierung faziell verschiedener Ablagerungen ermöglichen (Abb. 58). Dies ist oft auch von großer praktischer Bedeutung, wie etwa bei Bohrungen auf Erdöl und Erdgas. Pollen und Sporen spielen

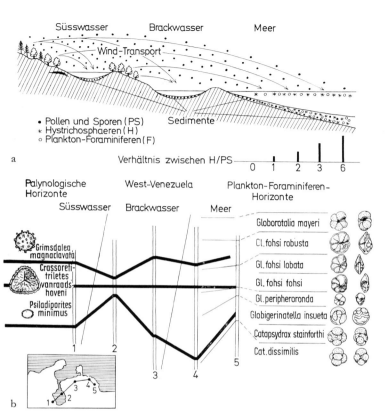

Abb. 58 a, b. Palynologie und Stratigraphie. Parallelisierung von nicht-marinen mit marinen Ablagerungen durch Weitflugpollen und -sporen. **a** Schema. (Nach G. CHARRIER, 1965, umgezeichnet und ergänzt). **b** Parallelisierung von fünf Bohrungen miozäner Süßwasser-, Brackwasser- und Meeresablagerungen. *Rechts* Plankton-Foraminiferen-Horizonte. (Nach C. A. HOPPING, 1967, ergänzt und umgezeichnet)

verständlicherweise besonders im kontinentalen Bereich eine wichtige Rolle für die Biostratigraphie.

Palynologie und Biostratigraphie

Auf die grundsätzliche Bedeutung der Palynologie für die Ökostratigraphie sowie bei der Parallelisierung gleichaltriger, jedoch faziell verschiedener Ablagerungen wurde bereits im obigen Abschnitt verwiesen. Lag die ursprüngliche Aufgabe der Pollen- und Sporenanalyse, wie die Palynologie einst bezeichnet wurde, in der Erstellung von Pollendiagrammen aus Moorprofilen, die wiederum als Grundlage für die Rekonstruktion quartärzeitlicher Waldgeschichte dienten, so dehnten sich diese Untersuchungen bald auch auf das Präquartär aus. Hier waren es ursprünglich und hauptsächlich die Braunkohlen des Tertiärs. Leider lassen sich die fossil isolierten, also nicht in den Sporangien bzw. Antheren der Mutterpflanze überlieferten Sporen und Pollenkörner des Präquartärs nur sehr bedingt botanisch zuordnen. Dies erschwert zwar die Rekonstruktion der pflanzlichen Zusammensetzung der einstigen Braunkohlen-„wälder", beeinträchtigt jedoch die mögliche Parallelisierung von Kohlen und marinen Ablagerungen sowie die Flözparallelisierung selbst in keiner Weise. Besonders die Flözparallelisierung ist für das Aufsuchen von Kohlenlagerstätten, seien es Stein- oder Braunkohlen, von großer Bedeutung. Pollen und Sporen sind wichtiger als Makrofossilien, wie Blatt- und Holzreste, Früchte und Samen.

Die Präquartär-Palynologie spielt jedoch nicht nur für die Kohlenlagerstätten eine Rolle. Noch wichtiger ist die Alterseinstufung bzw. die altersmäßige Parallelisierung von Steinsalzlagerstätten. In den Salzstöcken, aber auch in den tonigen Begleitschichten, wie sie in den Alpen als Haselgebirge bezeichnet werden, fehlen Fossilien fast völlig. Lediglich Sporen und Pollenkörner können bei geeigneter Präparation gewonnen und in Form von Pollenspektren ausgewertet werden. So haben erst die palynologischen Untersuchungen der alpinen Salzstöcke des Salzkammergutes in Österreich durch W. KLAUS eine Einstufung in die jüngere Permzeit ermöglicht und damit eine Gleichsetzung mit den Zechsteinsalzen Deutschlands gestattet (Abb. 59), nachdem vorher fast allgemein eine Einstufung in die ältere Triaszeit (Skyth oder Buntsandstein) vorgenommen worden war.

Sporen- und Pollenformen werden in jüngster Zeit mehr und mehr zur biostratigraphischen Gliederung nichtmariner Ablagerungen herangezogen. Es sind mehr oder weniger typische

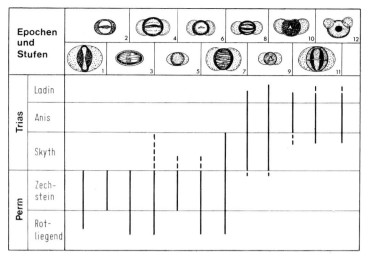

Abb. 59. Sporen-Stratigraphie. Zeitliche Verbreitung von Luftsacksporen aus Perm und Trias. *1–7* typische Sporen aus alpinen Steinsalzen, welche die Einstufung in das Ober-Perm (Zechstein) ermöglichen. *1 Paravesicaspora splendens; 2 Lueckisporites parvus; 3 Vittatina ovalis; 4 Lueckisporites microgranulatus; 5 Klausipollenites schaubergeri; 6 Jugasporites perspicuus; 7 Striatites jacobii; 8 Taeniasporites novimundi; 9 Triadispora staplini; 10 Tr. falcata; 11 Illinites kosankei; 12 Microcachryidites fastidioides.* (Nach W. Klaus, 1955, umgezeichnet)

Pollen- und Sporen-Vergesellschaftungen, die in Form von Pollenspektren nach ihrem jeweiligen Prozentsatz ausgewertet werden. Sie bilden die eigentliche Grundlage für die sog. Pollenbilder, wie sie etwa für das Känophytikum Mitteleuropas erarbeitet worden sind. Sie entsprechen etwa annähernd den Stufen im stratigraphischen Sinn.

VII. Lebensweise und Umwelt fossiler Organismen

Nachdem bereits im vorhergehenden Kapitel die Bedeutung ökologischer Faktoren kurz aufgezeigt werden konnte, wollen wir uns in diesem Kapitel mit der einstigen Umwelt der Fossilien befassen. Welche Möglichkeiten bieten sich, welche Aussagen kann man machen, und wo liegen die Grenzen der wissenschaftlichen Auswertung?

Es ist dies jener Arbeitsbereich der Paläontologie, der seinerzeit von dem bekannten Wiener Paläontologen OTHENIO ABEL als Paläobiologie bezeichnet wurde. Aufgabe der Paläobiologie im Sinne von O. ABEL war es, die Fossilien als einstige Lebewesen nach ihrer Lebens- und Ernährungsweise, ihrem Verhalten und ihren Beziehungen zu ihrer Umwelt zu beurteilen. Da der Begriff Paläobiologie heute allgemein als Synonym für Paläontologie gilt, wird der obige Aufgabenbereich meist mit der Paläoökologie gleichgesetzt. Ergänzt wird die Paläoökologie durch die Funktionsanalyse, die Paläoethologie und die Paläophysiologie.

Paläoökologie und Funktionsanalyse

Aufgabe der *Paläoökologie,* als deren Begründer der Schweizer (Paläo-)Botaniker O. HEER (1809—1883) angesehen werden kann, ist die Erforschung der Beziehungen der fossilen Lebewesen zu ihrer belebten und unbelebten Umwelt und damit des einstigen Lebensraumes, wie er bereits im vorigen Kapitel in Zusammenhang mit dem Begriff *Fazies* erwähnt wurde. Ziel dieser Analyse ist die Rekonstruktion der Organismen in ihrer Umwelt in Form von Lebensbildern. Eine der Voraussetzungen dafür bildet das sog. *Aktualitätsprinzip.* Dieses von K. E. A. VON HOFF (1771—1837) ausgesprochene und von CH. LYELL (1797—1875) erstmals angewendete Prinzip besagt, daß die vorzeitlichen Vorgänge den heutigen entsprochen haben. Wenn gegenwärtig auch nicht die uneingeschränkte Gültigkeit dieses Prinzipes anerkannt wird, so kommt ihm doch weitgehende Gültigkeit als Grundlage für die Paläoökologie zu.

Da die Paläoökologie nur beschränkt Aussagen über die Lebens- und Ernährungsweise ermöglicht, muß sie durch die Funktionsanalyse ergänzt werden. Diese beruht auf der Erkenntnis, daß jedes Lebewesen an seine Umwelt angepaßt ist. Allerdings kommen dafür in erster Linie nur Skelett- oder sonstige Hartteilreste in Betracht, so daß dieser Arbeitsbereich auch als Konstruktionsmorphologie bezeichnet wird. Sie ist ein

114

Teilgebiet der Aktuopaläontologie, da sie meist von Beobachtungen an rezenten Lebewesen ausgeht.

Die Beurteilung der einstigen ökologischen Faktoren (z. B. Licht, Temperatur, Feuchtigkeit, Sauerstoff, Salzgehalt des Gewässers, Wassertiefe, Wasserbewegung) kann meist nur indirekt erfolgen. Auf die wechselnde Salinität der Gewässer und ihren Einfluß auf die Faunen wurde bereits im vorigen Kapitel verwiesen. Lebewesen, die in engen Grenzen an einen bestimmten ökologischen Faktor gebunden sind, werden als stenök, jene, bei denen dies nicht der Fall ist, als euryök bezeichnet. Radiolarien, Korallen, Tintenfische, Seeigel und Seesterne sind auf rein marine Gewässer beschränkt und damit ausgezeichnete Anzeiger für eine vollmarine (euhaline) Fazies. Süßwasserschnecken und -muscheln, Armleuchteralgen (Characeen), Flußkrebse und bestimmte Ostracoden (z. B. *Limnocythere, Candona*) sind Leitformen für limnische, letztere auch für brackische Ablagerungen. Derartige, für bestimmte ökologische Faktoren kennzeichnende Fossilien werden als *Ökofossilien* bezeichnet. Verschiedentlich sind solche Ökofossilien für den Nachweis mehrerer ökologischer Faktoren geeignet, wie etwa die hermatypischen oder „Riff"-Korallen. Sie geben Hinweise auf den normalen Salzgehalt (33–35‰), nicht verschmutztes sowie gut bewegtes Wasser, Temperaturen nicht unter 19°C und eine Wassertiefe von weniger als 50 Metern. Die Abhängigkeit von der Wassertiefe ist durch symbiontische pflanzliche Einzeller (Zooxanthellen: z. B. Dinoflagellaten) bedingt, die vom Licht abhängig sind.

Aber nicht nur pflanzliche Lebewesen geben Hinweise auf die Bestimmung der Wassertiefe *(Bathymetrie)*. Es gibt bekanntlich zahlreiche Tiere, die echte Tiefseebewohner sind. Zu den bekanntesten und auch fossil wiederholt nachgewiesenen Tiefseeformen zählen Leuchtsardinen („Scopeliden" mit *Myctophum*), die Leuchtorgane besitzen. Sie können — selbst wenn sie auch periodische vertikale Wanderungen durchführen — als Indizien für echte Tiefseeablagerungen gelten. Ihr Vorkommen in bestimmten alttertiären Molasseablagerungen Europas wird durch andere Tiefseeformen, wie Ostracoden bestätigt. Meist stammen die Molassesedimente jedoch aus dem Flachmeerbereich.

Dies wird durch fossile Lebensspuren bestätigt. Wie A. SEIL-
ACHER zeigen konnte, ändert sich die Zusammensetzung von
Lebensspurenspektren nicht nur nach der Fazies (kontinental —
limnisch — marin), sondern im marinen Bereich auch mit der
Wassertiefe. Anhand des unterschiedlichen prozentuellen An-
teils der Lebensspurentypen (z. B. Ruhespuren, Kriechspuren,
Weidespuren, Freßbauten, Wohnbauten) sind Aussagen über
die Wassertiefe möglich. Allerdings ist es notwendig, wie
allgemein bei der Beurteilung der Fazies, auch die lithologischen
Kriterien (Art der Schichtung, Rippeln, Priele und dgl.) zu
berücksichtigen. Aufgrund derartiger Befunde konnte A. SEIL-
ACHER den Nachweis führen, daß die typischen Flyschablagerungen, wie sie in Europa zur Zeit der Oberkreide und des Alt-
tertiärs entstanden, keine Ablagerungen des Wattbereiches oder
der Mangrovezone sind, sondern echte Tiefseeablagerungen des
Bathyals. Lebensspuren, wie sie aus dem Flysch bekannt sind,
konnten durch die Tiefseephotographie rezent vom Tiefsee-
boden nachgewiesen werden (z. B. *Spiroraphe, Palaeodictyon,
Scolicia*) (Abb. 60). Turbidite (Trübstromablagerungen) mit
Korngrößensortierung, das „convolute bedding" (syngenetische,
d. h. bei der Ablagerung entstandene Wulstschichtung), Strömungsmarken [Rippeln und „flute casts" (Fließwülste)] und die
oft über Hunderte von Kilometern gleichförmige Ausbildung
der Sedimente, sowie das weitgehende Fehlen von Makrofossilien bestätigen diese Diagnose. Demgegenüber sind marine Molasseablagerungen meist Flachmeerbildungen mit einem völlig
anderen Lebensspurenspektrum und lithologischen Kennzei-
chen. Das abweichende Spurenspektrum erklärt sich vor allem
aus der unterschiedlichen faunistischen Zusammensetzung, die
wiederum mit dem wechselnden Nahrungsangebot in Zusammenhang steht. Es erscheint verständlich, daß derartige Resul-
tate auch für den Geologen, sei er nun Tektoniker oder Paläo-
geograph, von Wichtigkeit sind.

Die Funktionsanalyse ermöglicht Hinweise auf die Art der
Fortbewegung (z. B. kriechend, laufend, grabend, kletternd,
fliegend bzw. bodenbewohnend, schwimmend oder schwebend)
und die Ernährung (z. B. kauend, saugend, quetschend, grei-
fend), sofern für letztere nicht ohnedies direkte Belege in Form

116

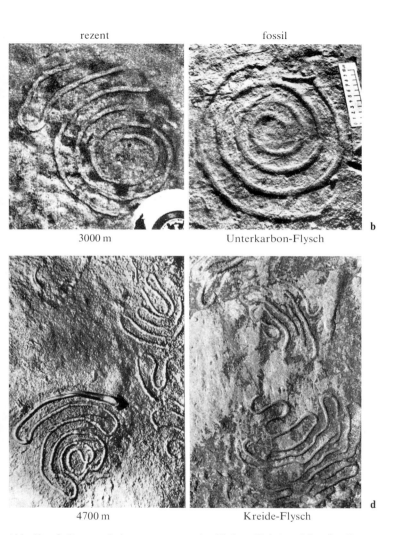

rezent | fossil

3000 m | Unterkarbon-Flysch

b

4700 m | Kreide-Flysch

d

Abb. 60 a–d. Rezente Lebensspuren aus der Tiefsee *(links)* und ihre fossilen Gegenstücke aus Flyschablagerungen *(rechts).* **a** Atlantik; **c** Pazifik: Mäanderspur samt Erzeuger (Enteropneuste). (Nach A. Seilacher, 1967)

des Mund- und Mageninhaltes (z. B. diverse Pflanzen beim jungeiszeitlichen Mammut und beim Fellnashorn, Tintenfische bei
Jura-Ichthyosauriern) vorliegen. Nach der Art der Fortbewegung lassen sich im aquatischen Bereich Nektonten (aktive
Schwimmer) und Planktonten (Schwebeorganismen) sowie
vagile (freibewegliche) und fixosessile Benthonten (festgewachsene Bodenbewohner) unterscheiden. Zu den bekanntesten
fixosessilen tierischen Lebewesen zählen die Korallen, Austern
und Seepocken (Balaniden als Krebse). Nach dem Leben im
Boden oder auf dem Boden unterscheidet man das Endo- und
Epibenthos.

Die Funktionsanalyse ist zugleich eine der Grundlagen für
die Rekonstruktion vorzeitlicher Organismen, wie sie nicht nur
für das Skelett und die Muskulatur von Wirbeltieren notwendig
ist. Auch für manche Wirbellose wie etwa Ammonoideen und
Nautiloideen (Cephalopoda), Armfüßer (Brachiopoda) und
bestimmte Muscheln (z. B. Rudisten) bildet eine Funktions-
analye die Basis für eine Rekonstruktion.

Bei den beschalten Kopffüßern (Cephalopoda) bildet das
gekammerte Gehäuse einen hydrostatischen Apparat. Die beim
Perlboot *(Nautilus)* mit einem stickstoffhaltigen Gas erfüllten
Gaskammern verleihen dem lebenden Tier einen Auftrieb als
Kompensation zum Körpergewicht. Da die Fortbewegung per
Rückstoß erfolgt, ist die planspirale, also in einer Ebene erfolgte
Aufrollung von der Funktion her die ideale Gehäusegestalt.
Dies macht verständlich, daß sowohl bei den Nautiloideen als
auch bei den Ammonoideen unabhängig voneinander aus
geradegestreckten, also orthoconen Gehäusen über gekrümmte
(cyrto- und gyrocone) der planspirale Typ entstanden ist. Inter-
essant ist, auf welch verschiedenen Wegen bei orthoconen
Gehäusen der einseitige Auftrieb verringert oder verhindert
wurde (Abwurf von Schalenteilen, einseitige Anordnung der
Septen, zusätzliche Siphonalbildungen und Kalkeinlagerungen
in den Gaskammern). Die Wölbung der Gehäusewände, ihr
Winkel zueinander und die Anordnung der Septen geben wertvolle Hinweise auf die Widerstandsfähigkeit des Gehäuses gegen
Außendruck und damit indirekt auf die Meerestiefe, in der diese
Formen lebten (z. B. brevicone Nautiliden als Seichtwasser-

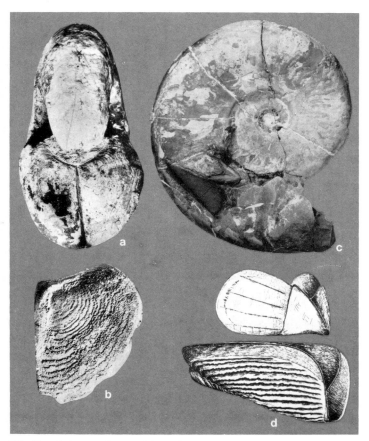

Abb. 61 a–d. Ammoniten und Aptychen. *Links* als Deckelapparat, *rechts* als
Unterkiefer interpretiert. **a** *Physodoceras* cf. *altense* (D'ORB.). mit *Laevapty-
chus longus* (H. v. MEY.); **b** *Laevaptychus latus* (PARK.). (Nach O. H.
SCHINDEWOLF, 1958); **c** *Eleganticeras elegantulum* (YOUNG und BIRD) mit
Ober- und Unterkiefer im ursprünglichen Verband, Lias, Ahrensburg;
d Rekonstruktion von Ober- und Unterkiefer. (Nach U. LEHMANN, 1976)

formen, *Lytoceras*- und *Phylloceras*-Gruppe als Tiefseebewohner).

Auch bei den Brachiopoden kommt der Funktionsanalyse des Gehäuses eine entscheidende Rolle für die Beurteilung der Lebens- und Ernährungsweise völlig ausgestorbener Armfüßergruppen zu. Daß selbst bei den als gut bekannt geltenden Ammonoideen des Mesozoikums noch neue Erkenntnisse möglich sind, hat U. LEHMANN aus Hamburg gezeigt. Er konnte nachweisen, daß die allgemein als Deckel des Gehäuses angesehenen Aptychen dem Unterkiefer entsprechen (Abb. 61). Bei anderen Ammoniten sind — ähnlich wie bei den Nautiloideen — richtige, verkalkte Kiefer entwickelt. Andere Fragen, wie etwa Art des Embryonalstadiums oder die Ursachen der Zerschlitzung der Lobenlinie bei den Ammonoideen, werden von den Wissenschaftlern noch diskutiert.

Wie bereits im Kapitel IV erwähnt, zählen Rekonstruktionen in Form von Skelettmontagen gleichfalls zu den Aufgaben des Paläontologen. Darüber hinaus ist oft die Rekonstruktion von fossil meist nicht überlieferten Weichteilen, vor allem für Schauzwecke in Museen, notwendig. Aus der Abb. 62 wird die Methode einer exakten Rekonstruktion eines ausgestorbenen Wirbeltieres ersichtlich. Der Skelettmontage folgt die Rekonstruktion der Muskulatur — wobei außer deren Ansatzstellen am Skelett möglichst nahverwandte rezente Formen zum Vergleich herangezogen werden —, die schließlich die Grundlage für die Habitusrekonstruktion bildet.

Bei den jungeiszeitlichen Großtieren, die dem damaligen Menschen als Jagdtiere dienten, bilden die oft sehr naturalistischen Höhlenzeichnungen des paläolithischen Menschen eine wertvolle zusätzliche Hilfe (Abb. 63). Besonders über den Habitus vorzeitlicher Wirbeltiere, z. B. Hautfärbung, Fell und Haarfarbe sowie deren Ausbildung, Art der Befiederung, Hautlappen und -kämme bei Reptilien und Amphibien, sind meist nur Vermutungen möglich. In der populärwissenschaftlichen Literatur vermißt man vor allem bei Habitusrekonstruktionen fossiler Wirbeltiere die notwendige Vorsicht. Dies gilt übrigens auch für die Rekonstruktionen fossiler Tiere auf Briefmarken (vgl. Abb. 1).

Abb. 62 a–c. Rekonstruktion eines ausgestorbenen Huftieres (Bronto-
theriidae: *Brontops*) aus dem Alttertiär von Dakota, USA. **a** Skelett; **b** Ober-
flächenmuskulatur; **c** Habitus. (Nach H. F. Osborn, 1929)

Abb. 63. Mammut [*Mammuthus primigenius* (BLB.)] aus der Jung-Eiszeit. Von einem jungpaläolithischen Menschen auf ein Stoßzahnfragment eingeritzte Zeichnung. La Madeleine, Dordogne. Länge des Bruchstückes 245 mm. (Nach E. LARTET aus O. ABEL, 1927)

Bei manchen vorzeitlichen Reptilien steht überhaupt die Art der Körperbedeckung (Schuppen, Haare) zur Diskussion. Haare sind nicht nur für die Stammformen der Säugetiere unter den Reptilien, nämlich für Therapsiden der Trias anzunehmen, sondern auch für die Flugechsen (Pterosauria). Bereits im Jahre 1927 hatte der Münchner Paläontologe F. BROILI bei *Rhamphorhynchus* aus den Solnhofener Plattenkalken erstmalig den Nachweis eines Haarkleides bei den Pterosauriern erbracht, nachdem bereits lange vorher die Warmblütigkeit dieser Reptilien angenommen worden war. Spätere Funde von *Pterodactylus* und *Dorygnathus* sowie neueste aus dem Jura von Kasachstan (USSR) bestätigten diese Auffassung. Die „Behaarung" dieser Flugechsen ist nach WELLNHOFER (1978) vergleichbar mit Fadenfedern der Vögel. Aber nicht nur diese Art der Körperbedeckung ist für die Habitusrekonstruktion dieser Reptilien wichtig, sondern auch die Flughaut. Bei manchen Exemplaren von Flugsauriern aus den Solnhofener Plattenkalken sind Abdrücke von Flughäuten, von Schwimmhäuten (an den Füßen), von Kehlsäcken und bei den langschwänzigen Formen, wie *Rhamphorhynchus,* auch ein Schwanzsegel erhalten (Abb. 64). Die Pterosaurier waren aktive Flieger, bei denen die Flughaut (Chiropatagium) durch den stark verlängerten 4. Fin-

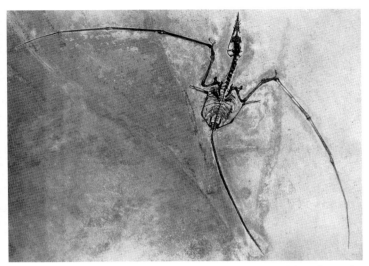

Abb. 64. Flugsaurier (*Rhamphorhynchus gemmingi* H. v. MEYER) aus den Ober-Jura-Plattenkalken von Solnhofen. Rhombenförmiges Schwanzsegel im Umriß erkennbar. Ca. ⅛. (Orig. Senckenberg-Museum, Frankfurt a. M.)

ger gespannt wurde. Flughäute zwischen Hals und Vorderextremitäten (Propatagium) sowie zwischen Schwanz und Hintergliedmaßen (Uropatagium) sind gleichfalls nachgewiesen. Die Art und Weise der Fortbewegung auf dem Lande und ihre Ruhestellung ist wiederholt von Paläontologen und Zoologen diskutiert worden. Nach O. ABEL läßt sich die Ruhestellung mancher Flugsaurier mit jener von Flughunden vergleichen.

Auch der Paläobotaniker steht ähnlichen Problemen gegenüber, wenn es um das Aussehen bzw. die Wuchsform baumförmiger Pflanzen der Vorzeit geht. Die Schwierigkeiten sind eher noch größer als in der Wirbeltierpaläontologie, da komplette Funde kaum bekannt sind. Wie bereits im Kapitel IV gesagt, hat die Art des Erhaltungszustandes zur Aufstellung von zahlreichen Organgattungen geführt. Besonders bekannt sind sie von den baumförmigen Lepidophyten der Steinkohlen-„wälder", bei denen die zu *Lepidodendron* gehörigen Wurzeln als *Stigmaria,* die Blätter als *Lepidophyllum* und die Zapfen als

123

a

b

c

Abb. 65

124

Lepidostrobus beschrieben worden waren (s. o.). Dies gilt in ähnlicher Weise auch für andere baumförmige Steinkohlenpflanzen, von denen Riesenschachtelhalme, Baumfarne und Farnsamer (Pteridospermatophyten) erwähnt seien. Letztere zählen zu einer völlig ausgestorbenen Pflanzengruppe, die ein farnartiges Aussehen der Wedel mit echten Samenanlagen vereinen. Es sind echte Samenpflanzen. Ursprünglich klassifizierte man sie als Farne (Filicophyta), bis Funde „in situ" zeigten, daß die damals längst bekannten, jedoch isoliert vorliegenden Samenanlagen (z. B. *Trigonocarpus, Lagenostoma*) zu den vermeintlichen „Farn"wedeln (z. B. *Neuropteris, Sphenopteris*) gehörten. Noch heute weichen die Vorstellungen vom Aussehen von *Glossopteris* und verwandten Farnsamern des Jungpaläozoikums stark voneinander ab. Der zunehmende Fortschritt unserer Kenntnis widerspiegelt sich in den verschiedenen Rekonstruktionen der Steinkohlenpflanzen (Abb. 65), zu denen noch verschiedene paläoökologische Probleme kommen (z. B. Standort der Pflanzen, jahreszeitlich bedingte Differenzen?).

Mit der Rekonstruktion des einzelnen Tieres oder der Pflanze ist es jedoch nicht getan. Ziel des Paläoökologen ist die Wiederherstellung sog. *Lebensbilder,* in denen die einzelnen Arten in ihrer einstigen Umwelt dargestellt sind, wie etwa die Abb. 66 erkennen läßt. Bei Marinfaunen wirkt die gedrängte Darstellung zahlreicher wirbelloser Tiere nicht unnatürlich. Anders hingegen bei Lebensbildern mit Wirbeltieren, bei denen vor allem die populärwissenschaftliche Literatur stets Beispiele für sog. Menageriebilder liefert, in denen zahlreiche Tiere nebeneinander dargestellt werden, wie sie in ihrem natürlichen Lebensraum zweifellos nicht vorgekommen sind. Hier gibt es für den Wissenschaftler Möglichkeiten, derartige Menageriebilder durch Auflösung in mehrere Einzelbilder oder durch eine entsprechende, $\pm$ schematische Darstellung zu vermeiden.

Abb. 65 a–c. Rekonstruktion der europäischen Steinkohlenflora im Wandel der Zeiten. a Nach SAPORTA, 1881; b nach KUKUK; c nach einem Diorama im Field-Museum in Chicago. a und c nach R. KRÄUSEL, 1950; b nach W. E. PETRASCHECK, 1956

Abb. 66. Das Silur-Meer und seine Bewohner (Lebensbild). Rekonstruktion der Fauna der Budnaner Schichten bei Prag. Mit Kopffüßern aus der Verwandtschaft des Perlbootes (*Orthoceras* und *Cyrtoceras*), Trilobiten (*Aulacopleura* und *Cheirurus*), Korallen (*Favosites, Omphyma* und *Xylodes*), Schnecken (*Murchisonia* und *Cyclotropis*), Armfüßer *(Conchidium)* und Seelilien *(Scyphocrinites)*. Das Farbmuster der Gehäuse der Kopffüßer entspricht dem Original. (Nach J. Augusta und Z. Burian, 1956)

Dafür ist jedoch auch die Kenntnis der Umwelt und damit der ökologischen Gegebenheiten notwendig. Sie führt uns zurück zur Paläoökologie und damit zu ökologischen Faktoren.

Sehr wichtige ökologische Faktoren sind die *Temperatur* und die *Feuchtigkeit.* Diesen Faktoren ist im wesentlichen das Klima zu verdanken. Eine eigene Arbeitsrichtung, nämlich die *Paläoklimatologie,* befaßt sich mit dem vorzeitlichen Klima. Klimazeugen können anorganischer oder organischer Natur sein. Vorzeitliche Klimazeugen in Form von fossilen Pflanzen und Tieren wurden bereits frühzeitig für die Beurteilung des einstigen Klimas herangezogen. Waren ursprünglich nur in bestimmten Fällen Aussagen über das einstige Klima möglich, so liefert heute längst die *Paläotemperatur-Methode* absolute

Werte. Sie beruht auf dem Verhältnis der Sauerstoff-Isotope $^{16}O:^{18}O$ im Kalziumkarbonat (Aragonit) des Skelettes von Meerestieren und wird daher auch als Karbonatmethode bezeichnet. Sie gibt Hinweise auf die einstige Wassertemperatur zur Zeit der Bildung derartiger Skelette. Allerdings sind bei der Auswertung verschiedene Fehlerquellen zu berücksichtigen, indem einerseits die seither erfolgte Diagenese (z. B. Aragonit → Kalzit), andrerseits die Lebensweise der untersuchten Formen (z. B. Larvenformen im oberflächennahen, erwachsene Tiere in größerer Tiefe; Wachstumsperiode im Sommer oder im Winterhalbjahr, Oberflächen- bzw. Tiefenformen) eine Rolle spielen kann. Besonders gut eignen sich Gehäuse von Plankton-Foraminiferen zur Auswertung. Man spricht von „fossilen Thermometern" oder „Karbonatthermometern".

Bei fossilen Lebewesen als Klimazeugen müssen gleichfalls Fehlerquellen ausgeschaltet werden, sollen falsche Schlußfolgerungen vermieden werden (z. B. Wechsel der Klimaansprüche im Laufe der Zeit). Bei völlig ausgestorbenen Organismen sind meist nur indirekte Schlüsse möglich, indem die Begleitfauna und -flora sowie lithologische Kriterien (z. B. Bodenbildungen, Gletscherschliffe, Tillite als fossile Moränenbildungen u. dgl. mehr) herangezogen werden müssen. Als bekanntestes Beispiel dient das jungeiszeitliche Mammut *(Mammuthus primigenius),* das zwar mit den heutigen Elefanten näher verwandt ist, jedoch in klimatischer Hinsicht völlig andere Ansprüche stellte. Es war als Zeitgenosse von Moschusochse, Rentier, Eisfuchs, Schneehase und Fellnashorn ein Bewohner der offenen, baumlosen Lößlandschaft. Diese Landschaft war, wie die Lößschneckenfaunen dokumentieren, zeitweise als Lößsteppe des wärmeren, kontinentalen Klimas (mit der *Striata*-Fauna), zeitweise als Lößtundra der subarktischen Klimazone (mit der *Columella*-Fauna) ausgebildet. Diese Lößschnecken sind wichtige Klimazeugen, ähnlich der Flora, die sich aus krautigen Steppenpflanzen und Zwergsträuchern (z. B. Zwergbirke, Zwergweide) zusammensetzte.

Die Flora der eiszeitlichen Höttinger Breccie bei Innsbruck in Tirol wiederum enthält verschiedene wärmeliebende Pflanzen, wie das großblättrige, dem heutigen *Rhododendron ponti-*

cum vergleichbare *Rh. sordellii,* den wilden Wein *(Vitis sylvestris)* und immergrünen Buchsbaum *(Buxus sempervirens).* Sie sprechen zusammen mit anderen Befunden nicht nur für eine pleistozäne Warmzeit, also ein Interglazial, sondern auch dafür, daß das Klima damals (? Mindel-Riß-Interglazial) um etliche Grade wärmer gewesen sein mußte als gegenwärtig.

Die einstige Art der *Wasserbewegung* (Still- oder Bewegtwasser, starke oder schwache Strömung) läßt sich vor allem aus der Wuchsform fixosessiler, also festgewachsener Lebewesen, wie etwa Korallen, Bryozoen (Moostierchen) und Schwämme beurteilen; Strömungsmarken im Sediment geben Hinweise auf die Richtung der Meeresströmung. Ein Arbeitsgebiet, das sich heute in der Paläogeographie unter dem Namen „paleocurrents" etabliert hat und meist eng mit der Analyse von Lebensspuren verknüpft ist. Sind doch fossile Lebensspuren und Marken (z. B. Driftmarken von Ammonitengehäusen) oft nur schwer auseinanderzuhalten.

Zur Umwelt zählen aber auch andere Organismen, sowohl arteigene als auch artfremde. Die heutigen Lebewesen sind meist Angehörige von Lebensgemeinschaften (Biozönosen). Der Paläontologe kann nur indirekt Aussagen über einstige Biozönosen machen, da fossil nur Grabgemeinschaften (Oryktozönosen; Begriffe wie Tapho- und Thanatozönosen beziehen sich nur auf rezente Grab- bzw. Totengesellschaften) vorliegen. Diese Oryktozönosen können nicht nur gleichzeitig lebende, sondern auch (erdgeschichtlich) verschiedenaltrige Formen umfassen. Bereits deshalb erscheint die im Kapitel „Die Fossilisation und das Vorkommen von Fossilresten" besprochene Unterscheidung von autochthonen sowie synchron und heterochron allochthonen Vorkommen notwendig. Aber selbst bei einer autochthonen Assoziation liegt nur dann eine Lebensgemeinschaft vor, wenn diese Fossilien in Lebensstellung vorkommen (vgl. Abb. 67). In allen übrigen Fällen läßt erst eine eingehende Analyse ein Urteil zu, ob eine Paläo-Biozönose oder ob eine zufällige Vergesellschaftung oder gar nur eine Zusammenschwemmung vorliegt. Die Abb. 67 zeigt in schematischer Weise, wie man vom Befund zur Rekonstruktion und schließlich zum Lebensbild gelangt. Aktuopaläontologische Vergleichs-

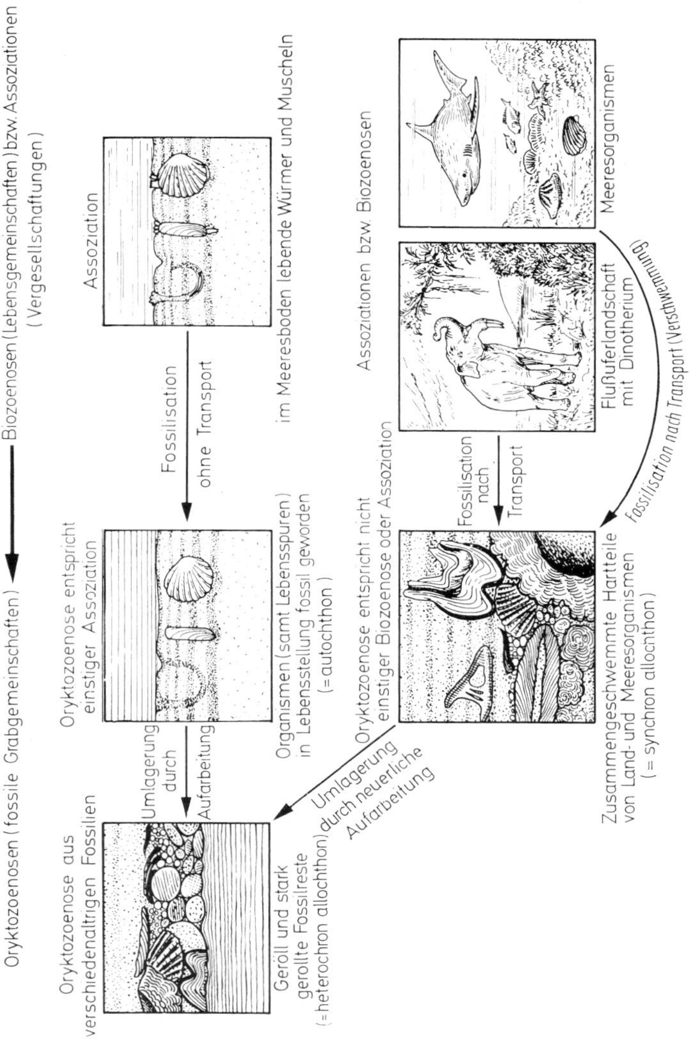

Oryktozoenosen (fossile Grabgemeinschaften) ←——— Biozoenosen (Lebensgemeinschaften) bzw. Assoziationen (Vergesellschaftungen)

Assoziation

im Meeresboden lebende Würmer und Muscheln

Fossilisation ohne Transport

Oryktozoenose entspricht einstiger Assoziation

Organismen (samt Lebensspuren) in Lebensstellung fossil geworden (=autochthon)

Oryktozoenose aus verschiedenaltrigen Fossilien

Umlagerung durch Aufarbeitung

Geröll und stark gerollte Fossilreste (=heterochron allochthon)

Oryktozoenose entspricht nicht einstiger Biozoenose oder Assoziation

Umlagerung durch neuerliche Aufarbeitung

Assoziationen bzw. Biozoenosen

Flußuferlandschaft mit Dinotherium

Meeresorganismen

Fossilisation nach Transport (Verschwemmung)

Fossilisation nach Transport

Zusammengeschwemmte Hartteile von Land- und Meeresorganismen (= synchron allochthon)

Abb. 67. Fossile Grabgemeinschaften (Oryktozönosen) als Ausgangsbasis für die Rekonstruktion der einstigen Assoziationen bzw. Lebensgemeinschaften (Schema)

studien helfen vor allem in jenen Fällen kaum weiter, in denen gegenwärtig verwandte Formen fehlen. Daß dabei auch Aussagen über besondere Fälle von Vergesellschaftungen art-

129

verschiedener Lebewesen, wie Symbiose, Parasitismus, Kommensalismus, Ent- und Epökie möglich sind, sei nur der Vollständigkeit halber hinzugefügt. Es ist das Arbeitsgebiet der Synökologie in der Zoologie. Bei der Symbiose erfolgt das Zusammenleben zum Vorteil beider Arten (z. B. Einsiedlerkrebs mit Aktinien; hermatypische Korallen mit Zooxanthellen), beim Parasitismus zum Nachteil einer Art, beim Kommensalismus zum Vorteil einer Art (z. B. die Schnecke *Platyceras* auf paläozoischen Seelilien zur Aufnahme von deren Kot), während unter Epökie der Aufwuchs einer Art auf einer anderen (z. B. die Auster *Placunopsis* auf anderen Muscheln oder auf Ammonitengehäusen; der Röhrenwurm *Serpula* auf Mollusken) und als Entökie das Leben im Skelett einer anderen Art (z. B. der Wurm *Hicetes* im Skelett der Devonkoralle *Pleurodictyum*) bezeichnet wird. Auch Fälle von Phoresie (Anheftung an anderen Organismen zu Transportzwecken zur weiteren Verbreitung) sind bekannt geworden (z. B. Pseudoskorpione an Insekten, vgl. Abb. 15).

Zur Beurteilung fossiler Lebewesen zählt aber auch ihr Verhalten. Läßt sich das Verhalten vorzeitlicher Organismen überhaupt beurteilen? Eine durchaus berechtigte Frage. Immerhin sind in bestimmten Fällen Aussagen möglich, so daß man direkt auch von einer Paläoethologie als Gegenstück zur Ethologie (Verhaltensforschung) sprechen kann, ein Begriff, der ursprünglich von L. DOLLO als Synonym für Paläobiologie (i. S. v. O. ABEL) gebraucht wurde.

Paläoethologie, Paläophysiologie und Paläoneurologie

Gewisse Verhaltensweisen fossiler Lebewesen lassen sich über ihre Lebensspuren beurteilen. Einige Beispiele mögen dies aufzeigen. Aus den schon oben erwähnten Flyschablagerungen der Alpen und anderer alpidischer Gebirge sind zahlreiche Lebensspuren bekannt. Zu den häufigsten zählen die Chondriten und die Helminthoideen. Wir wollen uns nur mit den letzteren befassen. Diese Helminthoideen sind besonders für die kreidezeitlichen Kalkmergel der Flyschzone charakteristisch. RUDOLF RICHTER aus Frankfurt am Main hat diese Lebensspuren

130

Abb. 68. Weidespuren *(Helminthoida)* aus dem Ober-Kreide-Flysch von Purkersdorf bei Wien. Beachte parallelen Verlauf der Spuren, die in zwei horizontalen Ebenen sichtbar sind. (Orig. Inst. für Paläontologie, Univ. Wien)

erstmalig im Jahr 1924 eingehend analysiert und sie wegen ihres kennzeichnenden Verlaufes als „geführte Mäander" bezeichnet (Abb. 68). Es sind längliche, mehr oder weniger parallel verlaufende Spuren, die in verschiedenen Horizonten und Größen jeweils in einer Ebene auftreten. Wie R. RICHTER gezeigt hat, ist der Verlauf der Spuren durch gerichtete Bewegungen (Taxien) gesteuert. Die Geotaxis bedingt die Anlage der Spuren in der waagrechten, die Thigmotaxis, d. h. der Berührungsreiz durch eine bereits gezogene Spur, den parallelen Verlauf der Spuren, und die Phobotaxis, also die Berührungsscheu, verhindert das Kreuzen bereits vorhandener Spuren. Damit ist ein Verhaltensmuster aufgedeckt, das wiederum gewisse Schlußfolgerungen auf die Erzeuger, die fossil nicht erhalten sind, ermöglicht. Da Thigmotaxis vornehmlich bei Lebewesen mit länglich gestrecktem Körper bekannt ist, dürften marine Ringelwürmer (Annelida) die Erzeuger dieser parkettierenden Spuren sein. Ihre

Anlage in jeweils einer Ebene und ihr paralleler Verlauf lassen eine möglichst ökonomische Nutzung annehmen, wie sie bei Weidespuren von „Sedimentfressern" (also nicht nur Kriechspuren) bei einem geringen Nahrungsangebot (z. B. in der Tiefsee) vorkommen. Derartige Spuren können im oder auf dem Sediment entstanden sein. Bemerkenswert ist, daß derartigen helminthoiden Lebensspuren aus dem Paläozoikum *(Palaeohelminthoida)* die „Perfektion" der mesozoischen Helminthoideen fehlt, so daß mit A. SEILACHER eine Änderung des Verhaltens dieser „Sedimentfresser" (die nur organische Partikelchen des Sediments verwerten) im Laufe der Zeit im Sinne einer zunehmenden Ökonomisierung angenommen werden kann.

Die Entstehung der Helminthoideen im Tiefwasserbereich wird nicht nur durch weitere Lebensspuren, von denen bereits im vorhergehenden Abschnitt die Rede war, bestätigt, sondern auch durch zahlreiche lithologische Befunde.

Ein weiteres Beispiel soll ein anderes Verhalten ausgestorbener Lebewesen aufzeigen. Aus manchen Höhlen Mittel- und Westeuropas sind Knochenreste jungeiszeitlicher Huftiere (z. B. Fellnashorn, Wildpferd, Steppenbison, Riesenhirsch) bekannt, die nicht vollständig erhalten, sondern in ganz charakteristischer Weise beschädigt sind. Diese Beschädigungen sind so regelmäßig, daß eine zufällige Entstehung ausgeschlossen werden kann. Ursprünglich wurde der paläolithische Mensch als Urheber angesehen, diese Knochenreste als Geräte gedeutet und als „Glockenschaber", „Fellablöser", „Knochenlampen" (Hüftgelenkpfannen) oder „Kellermannsche Knöpfe" bezeichnet. Eine eingehende Analyse derartiger jungeiszeitlicher Knochen aus der Teufelslucke bei Eggenburg in Niederösterreich sowie Fütterungsversuche an Fleckenhyänen *(Crocuta crocuta)* im Tiergarten Schönbrunn in Wien durch H. ZAPFE haben jedoch einwandfrei ergeben, daß es sich bei den fossilen Resten um Fraßreste von Hyänen, und zwar von der jungeiszeitlichen Höhlenhyäne *(Crocuta spelaea),* einer Verwandten der rezenten afrikanischen Fleckenhyäne, handelt. Diese Hyänen zerbeißen Langknochen in sehr kennzeichnender Weise, um das im Inneren des Knochens befindliche Mark zu verzehren. Sie beginnen mit der stückweisen Absplitterung der weniger wider-

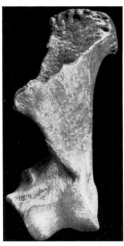

Abb. 69. Fraßrest der eiszeitlichen Höhlenhyäne [*Crocuta spelaea* (GOLDF.)].
Am oberen Gelenkende angebissener Oberarmknochen des Fellnashorns
[*Coelodonta antiquitatis* (BLUM.)]; ca. ¹/₆ nat. Gr. (Nach H. ZAPFE, 1939)

standsfähigen spongiösen Gelenkenden (Abb. 69) und lassen
meist nur die gleichfalls sehr typischen Reststücke der mittleren
Abschnitte der Röhrenknochen übrig. Diese wurden immer
wieder als vermeintliche Artefakte des damaligen Menschen
angesehen. Die Art der „Bearbeitung" durch das Gebiß der
Höhlenhyäne läßt aber auch erkennen, daß die jungeiszeitliche
Höhlenhyäne nicht nur Einzelknochen zerbissen, sondern ganze
Gliedmaßen im Sehnenverband in Höhlen verschleppt und erst
dort angebissen hat. Damit ist durch Lebensspuren ein Verhalten der Höhlenhyäne aufgedeckt worden, das nicht völlig mit
dem der heutigen afrikanischen Fleckenhyäne identisch ist. Die
Fleckenhyäne verschleppt nämlich nur sehr selten Knochenreste in ihre unterirdischen Horste, trägt jedoch gelegentlich —
wie Beobachtungen in Ostafrika gezeigt haben — Kadaverreste
in Wasseransammlungen, um sie vor dem Zugriff der Aasgeier
zu schützen. Daß die jungeiszeitliche Höhlenhyäne tatsächlich
vorübergehend Höhlen bewohnt hat, diese also richtige Hyänen-
horste waren, wird nicht nur durch zahlreiche Skelettreste

erwachsener Höhlenhyänen bestätigt, sondern auch durch Neonaten (Neugeborene) und durch Koprolithen (fossile Exkremente), die wegen ihres hohen Kalkgehaltes fossil erhalten geblieben sind. Sie bestätigen somit indirekt die Osteophagie (Knochenfraß). Der Magensaft vermag nicht nur Knochen aufzulösen, sondern auch Zähne anzuätzen.

Durch derartige Lebensspuren konnte nicht nur ein interessantes Freßverhalten bei vorzeitlichen Säugetieren nachgewiesen werden, sondern sie halfen auch bei der Lösung eines lange Zeit diskutierten und für den Urgeschichtler wichtigen Problems, nämlich, ob *Australopithecus* (s. Abb. 47) ein Gerätehersteller war oder nicht. Von der Fundstelle Makapansgat in Transvaal, die durch das Vorkommen von *Australopithecus* bekannt geworden ist, hat R. DART zahllose, ähnlich erhaltene Skelettreste von Antilopen als „Geräte" einer sog. „osteodontokeratischen Kultur" beschrieben. Die Ähnlichkeit der Knochenfunde aus Makapansgat mit jenen aus jungeiszeitlichen Hyänenhorsten ist bemerkenswert und hat verschiedentlich auch zur Deutung als Hyänenfraßreste geführt (Abb. 70). Wie jedoch der prozentuelle Anteil und auch die faunistische Zusammensetzung zeigt, waren es weder Hyänenfraßreste noch Geräte von *Australopithecus,* sondern dessen Mahlzeitreste. Dies wird durch eingeschlagene Pavianschädel, deren Gehirn verzehrt wurde, und Mahlzeitreste von Hottentotten bestätigt (s. BRAIN, 1969). Zu der morphologischen Übereinstimmung der zerschlagenen Knochen kommt die perzentuelle Zusammensetzung. Die Reste der „osteodontokeratischen Kultur", die aus Kiefer-, Gehörn-, Wirbel- und Gliedmaßenknochen bestehen, waren zweifellos keine Artefakte, wie DART annahm. Diese Feststellung erscheint deswegen wichtig, weil mit dem Nachweis von Geräten die Zugehörigkeit von *Australopithecus* zu den Menschen (Hominidae) dokumentiert werden sollte. Nach den Prähistorikern sind Menschen „tool-makers", d. h. Geräthersteller. Eine Definition, wie sie zum Teil auch für rezente Menschenaffen zutrifft.

Mit dieser Feststellung ist zwar der Nachweis einer „Knochenkultur" bei *Australopithecus* noch zu erbringen, dennoch besteht über die Zugehörigkeit von *Australopithecus* zu den

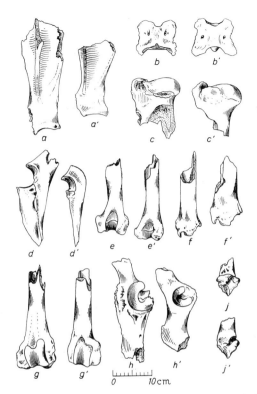

Abb. 70. Fraßreste (Wirbel-, Schulter-, Beckengürtel- und Gliedmaßenknochen von Huftieren) der rezenten Fleckenhyäne [*Crocuta crocuta* (Erxl.)] (a–j) und angebliche Werkzeuge der „osteodontokeratischen Kultur" der Australopithecinen (a′–j′) aus Makapansgat, Transvaal, die lediglich deren Mahlzeitreste darstellen. (Nach E. Thenius, 1961)

Hominiden heute kein Zweifel, da es sich um Aufrechtgeher handelte. Diese Aussage ermöglicht der Bau des Beckens und der Hinterextremität. Steinwerkzeuge sind bisher nur von jenen *Australopithecus*-Fundstellen bekannt, von denen außer *Australopithecus* auch modernere Hominiden (z. B. „*Telanthropus*" [= *Homo*] in Kromdraai in Südafrika; *Homo habilis* in der Olduvaischlucht in Tansania) vorliegen.

Abb. 71. Fraßspuren von Krebsen (Langusten oder Einsiedlerkrebse) am Gehäuse fossiler Schnecken [*Clavilithes parisiensis* (MAYER-EYMAR)] aus dem Eozän des Pariser Beckens. Verkleinert. (Nach H. ZAPFE, 1947)

Nach diesem Exkurs wieder zurück zur Paläoethologie. Seit langem sind aus tertiärzeitlichen Ablagerungen Gehäuse von Schnecken mit charakteristischen Beschädigungen des Mundsaumes bekannt (Abb. 71). Wie Beobachtungen in Meeresaquarien und in seichten Küstengewässern zeigen, entstehen derartige Schalenbeschädigungen durch Krebse, zu deren Nahrung Schnecken zählen. Es sind nicht nur Langusten und Einsiedlerkrebse, die mit ihren Scheren die Gehäuse stückweise abbrechen, um damit an die Weichteile zu gelangen, sondern auch andere Krebse (z. B. Krabben), die ähnliche Lebensspuren hinterlassen und somit ein ähnliches Freßverhalten aufweisen.

Lebensspuren in Form von Fährten geben bekanntlich Hinweise auf die Art der Fortbewegung. Manchmal sind die Erzeuger am Ende ihrer Fährten fossil erhalten, wie etwa die Schwertschwänze *(Mesolimulus walchi)* aus den Solnhofener Plattenkalken des Ober-Jura der Fränkischen Alb (Abb. 72). Diese als *Kouphichnium lithographica* beschriebenen Fährten sind seit langem bekannt und wurden meist als Fährten des Urvogels *Archaeopteryx* oder von Flugsauriern gedeutet. Die Schwertschwänze sind Seichtwasserbewohner, die zeitweise in den damaligen Lagunen lebten und dort umkamen. Sie hinterlassen, wie Beobachtungen am rezenten Schwertschwanz

136

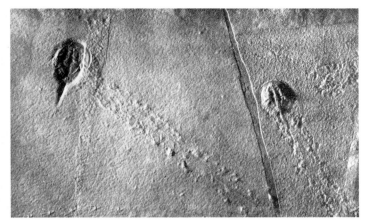

Abb. 72. Fossile Lebensspuren (Fährten) und ihre Erzeuger. Am Ende der Fährten verendete Schwertschwänze [*Mesolimulus walchi* (Desm.)] aus dem Ober-Jura-Plattenkalk von Solnhofen, Bayern. (Orig. Senckenberg-Museum, Frankfurt a. M.)

(Limulus polyphemus) von der Ostküste der USA zeigten, mit ihrem letzten Beinpaar mehrteilige Spuren, die an Abdrücke von dreizehigen Vögeln erinnern. Allerdings wurde dadurch auch die Fortbewegungsrichtung der fossilen Fährten verkehrt interpretiert.

In einzelnen Fällen ermöglichen Fährten auch Aussagen über das Sozialverhalten. So hat J. H. OSTROM aus der Art des Vorkommens der Fährten von mesozoischen Dinosauriern (z. B. *Eubrontes, Anchisauripus, Grallator*) auf ein Herdenleben dieser Reptilien geschlossen. Demgegenüber scheinen die als Chirotherien bekannten Reptilien der Trias keine Herdentiere gewesen zu sein. Da diese Fährten ein gutes Beispiel für eine exakte Fährtenanalyse von Wirbeltierfährten bilden, sei etwas näher darauf eingegangen. Diese Fährten der Chirotherien sind aus Sandsteinen der älteren Trias von Mitteleuropa in großer Zahl seit mehr als 100 Jahren bekannt. Ihre Erzeuger sind unbekannt. Die Fährten sind hauptsächlich in Relieform auf den Schichtunterseiten von Sandsteinbänken erhalten (Abb. 73),

Abb. 73. Fährte (Ausguß) des linken Hinterfußes von *Chirotherium barthi* aus der Trias von Hildburghausen. Relief durch weiße Farbe deutlicher gemacht. *Weiße Punktreihen* Einschnürungen zwischen den Zehen- und Mittelfußpolstern. 5. Zehe erinnert an Daumen; ca. $^1/_3$. (Nach W. SOERGEL, 1925)

die über tonigen Schichten liegen. Die Fährten wurden demnach in einem weichen Boden hinterlassen, der, wie Trockenrisse zeigen, meist erst nachher austrocknete und der schließlich von feinkörnigem Sand bedeckt wurde. Dieser Sedimentationswechsel führte zur Erhaltung der Fährten und erklärt zugleich, wieso diese fast ausschließlich in Relieform überliefert sind.

WOLFGANG SOERGEL aus Freiburg/Br. führte 1925 eine sorgfältige Analyse dieser Fährten (Einzelfährten und ganze Fährtenfolgen) durch und konnte die Erzeuger nicht nur in Form eines Blockmodelles rekonstruieren (Abb. 74a), sondern auch konkrete Vermutungen über ihre systematische Zugehörigkeit machen. Im Gegensatz zur bis dahin fast allgemein angenommenen Meinung sind es keine Amphibien, sondern Reptilien, und zwar Angehörige der sog. Pseudosuchier. Altmesozoische Reptilien, die zur Stammgruppe der Dinosaurier gezählt werden.

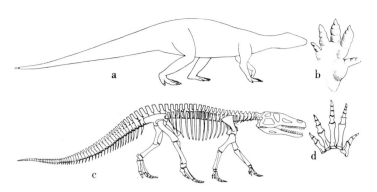

Abb. 74a—d. a Von W. Soergel nach Fährten rekonstruiertes Blockmodell von *Chirotherium*. **b** Fährtenabdruck des Hinterfußes. **c** Skelett von *Prestosuchus chiniquensis* v. Huene aus der Ober-Trias von Südamerika, ein Reptil *(Pseudosuchia)* aus der Verwandschaft von *Chirotherium*. Gliedmaßenstellung diskutabel. **d** rechter Hinterfuß von *Prestosuchus*. **a—b** Nach W. Soergel, 1925. **c—d** Nach F. v. Huene, 1942

Soergel stützte sich dabei auf die Beschaffenheit der Haut (der Füße), Größe, Stellung und Abstand der Hand- und Fußfährten, Fehlen von Schwanzabdrücken sowie die Phalangenformel, d. h. Zahl der Zehenglieder, die für die Reptilsystematik eine große Rolle spielt. Die Ergebnisse von Soergel wurden Jahre später in überzeugender Weise durch Fossilfunde aus Trias-Ablagerungen Südamerikas (Gattung *Prestosuchus*) durch F. von Huene und neuerdings auch aus den Südalpen durch B. Krebs (Gattung *Ticinosuchus*) im Prinzip bestätigt (Abb. 74c). Die Chirotherien waren vierbeinige langschwänzige Reptilien mit etwas verlängerten Hintergliedmaßen. Körper und Schwanz wurden bei der Fortbewegung vom Boden abgehoben.

Ein anderes Thema ist das Kampfverhalten. Ethologen haben in den letzten Jahren die unterschiedlichen Verhaltensmuster bei innerartlichen Auseinandersetzungen bei Fischen, Reptilien, Vögeln und Säugetieren nachweisen können. Bei Fossilformen sind derartige Aussagen nur außerordentlich selten möglich. So nimmt man an, daß bei verschiedenen fossilen Reptilien, wie bei einzelnen Therapsiden mit knöchernen Schädelfortsätzen oder bei *Pachycephalosaurus* als Dinosaurier der

Ober-Kreidezeit das massiv verdickte Schädeldach dabei als Rammbock diente, ähnlich dem Gehörn bei rezenten Wildschafen oder Moschusochsen.

Nun aber zur Paläophysiologie. Lassen sich überhaupt Aussagen über diese, am Skelett oder den Gehäusen von Lebewesen nicht nachweisbaren Leistungen und Funktionen machen? Eine durchaus berechtigte Frage. Einige Beispiele sollen jedoch aufzeigen, welche Möglichkeiten auch dem Paläontologen offenstehen. Fragen der Paläophysiologie wurden bereits im Kapitel V berührt, als von den Therapsiden als „connecting links" zwischen Reptilien und Säugetieren die Rede war. Der Übergang vom Reptil zum Säugetier ist nicht nur mit morphologischen Umkonstruktionen verbunden gewesen, sondern auch mit entsprechenden physiologischen Änderungen. Die wohl wichtigste ist der Erwerb der Endothermie (Warmblütigkeit). Da aus dem Skelett direkt nur beschränkt (z. B. Knochenstruktur, s. Ricqles 1972) Aussagen über die Warmblütigkeit möglich sind, muß weitgehend eine indirekte Beweisführung erfolgen. Diese beruht, wie bereits erwähnt, auf der Behaarung, den auch zur Erwärmung der Atemluft dienenden Turbinalia in der Nasenhöhle und dem differenzierten Brustkorb, der auf ein Zwerchfell bei den evoluierten Therapsiden schließen läßt.

Auch für die Flugsaurier ist die Endothermie nachgewiesen, für manche Dinosaurier wird sie neuerdings angenommen und auch mit ihrem Aussterben in Verbindung gebracht. Ein anderes paläophysiologisches Problem ist der Trockenschlaf, wie er gegenwärtig von verschiedenen Lebewesen wie etwa von Schnecken bis zu Wirbeltieren bekannt ist. Besonders eindrucksvolle Beispiele bilden die Lungenfische Afrikas (Gattung *Protopterus*) und Südamerikas *(Lepidosiren)* als Süßwasserfische. Sie leben im äquatorialen Bereich mit einem Wechsel von Regen- und Trockenzeiten. Beim Einsetzen der Trockenzeit graben sich die Fische einen gegen unten erweiterten Schacht in den Schlamm und bilden eingerollt eine Kapsel aus Schleim, die erhärtet und sie vor dem Austrocknen schützt. Eine winzige Öffnung in der Nähe des Mundes ermöglicht den Tieren als Lungenatmer das Überleben der Trockenzeit. Mit dem Einsetzen der Regenzeit wird der Boden wieder schlammig, die Schleimkapseln lösen sich auf und die Fische kommen wieder zum Vorschein. Aus dem Perm der USA sind mehrfach Skelette von Lungenfischen *(Gnathorhiza)* bekannt geworden, die nebeneinander aufrecht im Gestein vorkommen und zweifellos im Trockenschlaf fossil gewordene Exemplare darstellen. Damit ist der Nachweis eines Trockenschlafes bei Lungenfischen als erdgeschichtlich alter Erwerb erbracht, ohne daß sich daraus phylogenetische Schlußfolgerungen hinsichtlich der Herkunft der afro-südamerikanischen Lungenfische ableiten lassen.

In anderen Fällen ist die Situation noch problematisch. So etwa ein Trockenschlaf bei Dinosauriern oder das stereoskopische Sehen bei paläozoischen Trilobiten mit sog. schizochroalen Augen. Als Gliederfüßer haben Trilobiten meist Facettenaugen, die aus zahlreichen Einzelaugen zusammengesetzt sind. Bei den schizochroalen Augen stoßen die (halbkugeligen) Linsen der Einzelaugen nicht direkt zueinander, sondern sind voneinander getrennt. Dies hat zur Modellvorstellung vom einäugigen stereoskopischen Sehen derartiger Trilobiten (z.B. *Phacops*-Arten) geführt, die in der photischen Zone des Meeres lebten.

Bei einzelnen Stegocephalen (Trematosauria) der Permo-Trias wieder steht eine meeresbewohnende Lebensweise zur Diskussion, was für Amphibien einmalig wäre. Hier beginnt die Problematik meist schon damit, ob es zeitlebens Kiemenatmer waren, also perennibranchiate Formen, oder nur im Larvenstadium. Für etliche dieser Stegocephalen ist der Besitz von Kiemenbögen auch bei erwachsenen Individuen nachgewiesen. Ein anderes Problem bildet bei *Trimerorhachis* aus dem Perm die Frage Maulbrüter oder Kannibalismus? Damit sind nur einige Probleme bzw. die derzeitigen Grenzen der Paläontologie aufgezeigt.

Das nächste Beispiel führt uns ins Reich der Pflanzen, und zwar neuerlich zu den Lepidophyten (Schuppen- und Siegelbäume) der Steinkohlenzeit. Diese Lepidophyten (z.B. *Lepidodendron, Sigillaria, Bothrodendron*) waren baumförmige Bärlappgewächse mit kennzeichnenden Blattpolstern an der Stamm- und Zweigoberfläche und mit einer nadelähnlichen, xeromorphen Beblätterung samt entsprechender Anordnung der für die Transpiration wichtigen Spaltöffnungen, wie sie heute von Pflanzen in Trockengebieten bekannt sind. Der Lebensraum der Lepidophyten waren jedoch nicht Trockengebiete, sondern ausgesprochen feuchte Standorte (Sumpf- bzw. Uferwälder), wie das Vorkommen und die Begleitflora (Schachtelhalme etc.) erkennen lassen. Zweifellos waren an der Bildung der Steinkohlenwälder verschiedene Pflanzenverbände beteiligt, doch waren die Lepidophyten für die feuchten Standorte kennzeichnend. An ihren Blattpolstern ist im oberen Teil ein Grübchen vorhanden, in dem sich ein kleines Blattschüppchen, die Ligula, befindet. Sie wirkt bei den heutigen Bärlappen *(Selaginella)* als Organ zur Wasseraufnahme, was auch für die Lepidophyten anzunehmen ist, da sie dort gleichfalls mit einem Leitbündel in Verbindung steht. Der xeromorphe Habitus der Blätter wird verständlich, wenn man die Konstruktion des Stammes untersucht. Während bei den heutigen Bäumen (z. B. Koniferen, Laubbäume) das Verhältnis zwischen Holzanteil und Rinde etwa 85% zu 15% beträgt, war es bei den Schuppenbäumen nahezu umgekehrt mit etwa 85% bis 88% Rinde und 12% bis 15% Holz. Das Holz dient nicht nur zur mechanischen Festigung von Stamm und Krone, sondern auch für die Wasserzuleitung zu den Blättern, die bei einer Laubbaumkrone bis zu mehreren hundert Litern Wasser täglich verdunsten können. Die mechanische Festigung kann vom Rindengewebe ebensogut übernommen werden, nicht jedoch die Wasserleitung. Das heißt, daß die Lepidophyten den heutigen Bäumen stark unterlegen waren. Der xeromorphe Habitus der Blätter verringerte die Verdunstung und die Ligula diente zur Aufnahme des vermutlich in Form von regelmäßigen Wolkenbrüchen niedergehenden Regenwassers. Die Rinnen zwischen den einzelnen Blattpolstern an der Stammoberfläche bilden ein Grabensystem, welches das am Stamm herunterfließende Wasser in die einzelnen Ligulargruben lenkte. Demnach waren die Schuppenbäume einseitig an extreme Bedingungen angepaßte Pflanzen, die bei einer Änderung der Umweltbedingungen aussterben bzw. der Konkurrenz leistungsfähigerer Baumgewächse weichen mußten.

Derartige Baumgewächse sind für die tertiärzeitlichen Braunkohlen Europas kennzeichnend. Hinsichtlich ihrer Ent-

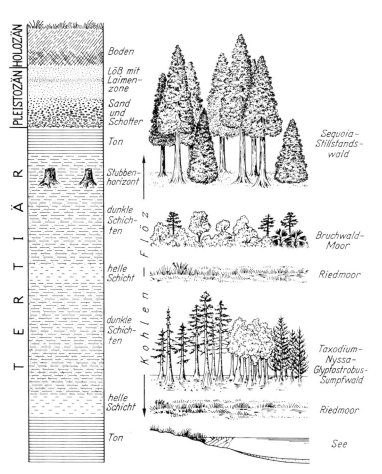

Abb. 75. Schema zur Entstehung von Braunkohlen. *Links* Braunkohlenflöz mit hellen und dunklen Lagen sowie einem Stubbenhorizont. *Rechts* die Pflanzengemeinschaften, aus denen die Kohle entstand; Riedmoore, *Taxodium-Nyssa-Glyptostrobus*-Sumpfwälder, Bruchwaldmoore mit Erlen, Weiden, Kiefern und Zwergpalmen und schließlich das Klimax- oder Endstadium, der *Sequoia*-Trockenwald

143

stehung standen einander im wesentlichen zwei Auffassungen gegenüber. Nach der Swamp-Theorie von H. POTONIÉ waren es periodisch überflutete Taxodienwälder, wie das heutige *Taxodium distichum* des südöstlichen Nordamerika, nach der Trokkenwaldtheorie von W. GOTHAN hingegen trockene Sequoienwälder ähnlich den heutigen Rotholzbäumen mit *Sequoia sempervirens* in Kalifornien, da die meisten Braunkohlenhölzer (Xylite) von Sequoien stammen. Beide sind Koniferen, jedoch mit verschiedenen ökologischen Ansprüchen. Eingehende seitherige Untersuchungen der Holz- und Blattreste, Früchte und Samen sowie der Pollenkörner und Sporen durch M. TEICHMÜLLER haben gezeigt, daß an der Bildung der (niederrheinischen) Braunkohlen verschiedene Pflanzenverbände beteiligt waren (Abb. 75), die von Riedmooren mit offenen Wasserflächen ähnlich den Everglades in Florida, über *Nyssa-Taxodium*-Sumpfwälder und Myricaceen-Cyrillaceen-Bruchmoore bis zu *Sequoia*-Wäldern reichten (Abb. 76). Diese Sequoienwälder bildeten das End- oder Klimaxstadium. Dieses Endstadium als dauerhaftestes macht auch die Tatsache verständlich, warum die sog. Stubbenhorizonte bzw. die Holzreste hauptsächlich von Sequoien stammen. Jedenfalls war damit die Richtigkeit der Swamp- und der Trockenwaldtheorie bestätigt. Es sind vornehmlich physiologische bzw. ökologische Unterschiede, welche die Verschiedenheiten der einzelnen Pflanzenverbände bewirken.

Ein gleichfalls in den Bereich der Paläophysiologie fallender Fragenkreis sind die *Biorhythmen.* Von den Jahresringen bei Baumgewächsen mit einem sekundären Dickenwachstum war bereits in Verbindung mit der Dendrochronologie im Kapitel VI die Rede. In diesem Zusammenhang sollen rhythmische Zuwachsstreifen bei Korallen besprochen werden. Bei rezenten Riffkorallen (= hermatypischen Korallen) sind feinste — 0,04 bis 0,05 mm breite — Zuwachsstreifen an der Außenwand des Korallenstockes feststellbar, die täglichen Zuwachsstreifen entsprechen. Ein derartiger circadianer Rhythmus ist meist auf äußere Einflüsse (Tag- und Nachtwechsel, Temperaturschwankungen, Gezeitenrhythmus) zurückzuführen, jedoch auch bei sog. Tiefseekorallen vorhanden. An der Epithek devonischer

Abb. 76 a–c. Lebende Braunkohlen-„wald"-Stadien aus den USA. **a** Riedmoore in Form der Everglades, Florida National Park. **b** Cypress-swamps mit *Taxodium distichum*, Florida National Park. **c** Redwood-Wald als Klimax-Stadium, Sequoia National Park, Kalifornien. Fotos freundlicherweise von U.S.I.S. zur Verfügung gestellt

Korallen (z. B. *Holophragma* [Rugosa oder Pterocorallia]) konnten C. T. SCRUTTON und J. WELLS gleichfalls feinste, 0,04 bis 0,05 mm breite Zuwachsstreifen beobachten, die in Übereinstim-

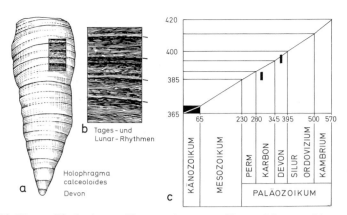

Abb. 77 a–c. Biorhythmen (Tageswachstumsstreifen und Lunarzyklen an Korallen) und Erdrotation. **a** Devon-Koralle *(Holophragma);* **b** Ausschnitt mit Zuwachsstreifen; **c** Abnahme der Erdrotation von ungefähr 420 Umdrehungen (Tagen) pro Jahr am Beginn des Kambriums bis zu 365 Tagen gegenwärtig. (Verändert kombiniert nach J. W. WELLS, 1963, und D. M. RAUP und ST. M. STANLEY, 1971)

mung mit rezenten Riffkorallen (Scleractinia) als „circadiane" Zuwachsstreifen interpretiert werden. Dieses rhythmische tägliche Wachstum ist durch die Abhängigkeit der symbiontischen Zooxanthellen der Riffkorallen vom Licht (Photosynthese) bedingt. Dieser Rhythmus wird von einem Rhythmus höherer Ordnung überlagert (Abb. 77), der mit den Mondphasen in Zusammenhang gebracht wird (Neumond = Schwarmzeit der Planula-Larve bei Scleractinien). Die interessante Feststellung ist jedoch, daß die Zahl der Tagesstreifen pro Jahr mit dem erdgeschichtlichen Alter zunimmt (z.B. 412 Tage im Ordovizium, 399 im Mittel-Devon, 385 im Ober-Karbon). Dies bedeutet, daß seit dem Ordovizium eine Verlangsamung der Erddrehung und damit eine Zunahme der Tageslänge eingetreten ist. Damit ist nicht nur der Nachweis der Existenz des Mondes bereits im Alt-Paläozoikum erfolgt, sondern die Bedeutung der Paläontologie für die Astronomie aufgezeigt. Die Verlangsamung der Erdrotation läßt sich vor allem durch die Bremswirkung der Gezeiten der Ozeane erklären. Allerdings sind bei derartigen

Abb. 78 a, b. „Geburts"vorgang bei meeresbewohnenden, lungenatmenden Wirbeltieren. **a** Fischsaurier [*Stenopterygius quadriscissus* (QUENST.)] aus dem Unter-Jura von Zell bei Holzmaden, Württemberg. Länge 219 cm. Drei Jungtiere in der Leibeshöhle, das vierte als (?) Leichengeburt. Typische Steißgeburt. Orig. Staatl. Museum für Naturkunde, Stuttgart. **b** Geburt eines Wales (Tümmler) im Aquarium Marineland, Florida. Beachte gleiche Lage des Jungtieres (Steißgeburt). (Nach E. J. SLIJPER, 1962)

periodischen Wachstumsrhythmen auch andere Ursachen (z. B. Gezeitenwechsel) zu berücksichtigen.

Nach diesem Beispiel noch zu einem Thema, das zwar nicht direkt zur Paläophysiologie zählt, dennoch mit physiologischen Fragen verknüpft ist. Wie erfolgte die Fortpflanzung bei den Fischechsen, die ähnlich den Walen unter den Säugetieren völlig an das Wasserleben angepaßt waren? Sie konnten nicht, wie etwa Meeresschildkröten, zur Eiablage an Land gehen. Brachten sie lebende Junge zur Welt? Bei verschiedenen Ichthyosaurier-Exemplaren aus den Posidonienschiefern des Lias von Württemberg sind Skelette von jungen Fischechsen im Bereich der Leibeshöhle erhalten. Waren es Beutetiere oder Jungtiere, die sich als Aasfresser bei verendeten Alttieren betätigten oder waren es gar ungeborene Junge im Mutterleib? Verschiedene Hinweise sprechen für letztere Deutung. Diese wird noch bekräftigt durch den Nachweis einer (? Leichen-)Geburt, die interessanterweise ähnlich wie bei den heutigen Walen als Steißgeburt zu bezeichnen ist (Abb. 78). Bei Delphinen und anderen Walen erfolgt nämlich die Geburt der Jungen mit dem Schwanz voran, was als Anpassung lungenatmender Wirbeltiere an das Wasserleben angesehen werden kann. Bei landbewohnenden Säugetieren sind hingegen „Kopfgeburten" das normale.

Während über die Art der Fortpflanzung der gleichfalls wasserbewohnenden Flossenechsen (Sauropterygia) und Maas-Saurier (Mosasauria) nichts Konkretes bekannt ist, sind von Dinosauriern und Vögeln wiederholt Eifunde gemacht worden. Besonders interessant sind Eigelege von *Protoceratops* aus der Kreidezeit der Mongolei (Abb. 79), von *Hypselosaurus* aus der Ober-Kreide von Südwesteuropa sowie von Straußvögeln *(Aepyornis)* aus dem Quartär Madagaskars. Letztere erreichten einen Durchmesser von über 30 cm, was einem Inhalt von über 180 Hühnereiern entspricht. Die Eischalen der Dinosauriergattung *Hypselosaurus* sind deshalb bemerkenswert, weil sie — wie H. K. ERBEN und Mitarbeiter nachweisen konnten — pathologisch verändert sind. Entweder kommt es zur „Ei in Ei-Bildung" oder wie bei den erdgeschichtlich jüngsten Eiern zu einer Reduktion der Schalendicke mit letalen Folgen für die Embryonen.

Ein anderer Themenkreis ist die nach dem Echolotprinzip funktionierende Ultraschallorientierung, wie sie gegenwärtig am besten von Fledermäusen und Walen bekannt ist. Hinweise auf die Ultraschallorientierung gibt der Bau des Gehörapparates bei den Walen. So konnte G. FLEISCHER kürzlich den bereits im Jahr 1922 von J. F. POMPECKJ erhobenen Befund bestätigen, daß bei den Urwalen (Archaeoceti) noch keine Echo-Ortung ausgebildet

Abb. 79. Fossiles Eigelege eines Dinosauriers *(Protoceratops)* aus der Ober-Kreide der Mongolei. Zentralasienexpedition des American Museum of Natural History. (Aufnahme freundlicherweise vom Museum of Natural History, New York, zur Verfügung gestellt)

war und diese erstmalig bei primitiven oligozänen Zahnwalen (Squalodontiden) nachzuweisen war, was einen erheblichen Evolutionsschritt bedeutete.

Bei den Fledermäusen (Microchiroptera) ist die Situation etwas schwieriger. Kehlkopf, Nasen und Ohren, die in Zusammenhang mit der Erzeugung und Aussendung von Ultraschalllauten zur Orientierung und zum Beutefang stark differenziert sind, sind fossil nicht erhalten. Auch die Gehörregion läßt infolge des schlechten Erhaltungszustandes meist keine konkreten Aussagen zu, doch konnte G. FLEISCHER (mündl. Mitt.) bei eozänen Fledermäusen aus Messel eine Ultraschallorientierung nachweisen. Im Gehirn wird verschiedentlich ein freiliegendes Tectum mesencephali mit den Corpora quadrigemina, von denen die Colliculi caudales (Coll. acusticus) besonders gut entwickelt sind, als Hinweis dafür angesehen. Diese Besonderheit, die auch am Endocranialausguß bei fossilen Säugetieren feststellbar ist, dürfte jedoch allein nicht zum Nachweis der Echo-Ortung ausreichen.

Mit diesem Beispiel ist jedoch ein Arbeitsgebiet der Paläontologie berührt, das als *Paläoneurologie* bekannt ist und das von TILLY EDINGER aus Frankfurt/M. begründet wurde. Die Paläoneurologie — ein nicht sehr glücklich gewählter, aber allgemein gebräuchlicher Begriff — befaßt sich mit dem Zentralnervensystem fossiler Organismen und damit hauptsächlich mit dem Gehirn in Form von Endocranialausgüssen. Diese als Steinkerne oder künstlich als Ausgüsse des Cavum cranii (Schädelhöhle) bekannten „fossilen Gehirne" (s. Abb. 6) geben recht interessante Aufschlüsse über die Ausbildung und Evolution des Gehirnes, vor allem bei Säugetieren. TILLY EDINGER hat sich in den letzten Jahrzehnten in den USA ausschließlich mit diesem Arbeitsgebiet befaßt und sehr bemerkenswerte Ergebnisse erzielt. Zu ihren klassisch gewordenen Untersuchungen zählt die Evolution des Pferdegehirns. Diese und andere Arbeiten, die heute von L. RADINSKY fortgeführt werden, zeigen nicht nur, wie schon erwähnt, daß die Gehirnevolution hinter der somatischen (körperlichen) nachhinkt (was auch für die Evolution der Hominiden gilt, wo der aufrechte Gang der Gehirnentwicklung vorausging), sondern auch, daß das Gehirn Aussagen zuläßt, die nach dem Skelett nicht oder kaum möglich sind. So ist das Gehirn der Flugsaurier durchaus vogelähnlich gebaut, indem die mit dem Flugvermögen gekoppelten Zentren gut entwickelt sind, während es beim Urvogel *(Archaeopteryx)*, der ein schlechter Flatterflieger war, reptilähnlich gestaltet ist.

Mit diesen Beispielen wollen wir dieses Kapitel abschließen. Mit der Beurteilung der Fazies, der räumlichen Verbreitung der Fossilien und damit auch der einstigen Verteilung von Ozeanen und Kontinenten sowie dem Klima von einst ist ein weiterer Themenkreis berührt, mit dem wir uns im nächsten Kapitel befassen wollen.

VIII. Fossilien und Paläogeographie

Die *Paläogeographie* (i.e.S.) beschäftigt sich mit der Verteilung von Land und Meer der Vorzeit, mit der einstigen Gestalt der Erdoberfläche (Paläogeomorphologie) mit ihren Gebirgen,

Flüssen und Seen (Paläolimnologie), mit der Ausbildung und Tiefe der Meere, mit den Meeresströmungen (Paläoozeanographie) u. dgl. Dazu kommt die *Paläoklimatologie*, die sich mit dem Klima der Vorzeit, angefangen von den Voraussetzungen und Ursachen von Eiszeiten bis zur Entstehung der Erdatmosphäre selbst befaßt. Sie wird ergänzt durch die *Paläobiogeographie*, deren Aufgabe es ist, die räumliche Verbreitung der Organismen in der Vorzeit zu registrieren und zu deuten. Sie ist jener Bereich der Paläontologie, welcher die unmittelbare Verbindung mit der Paläogeographie herstellt.

Aus manchen der im vorigen Kapitel diskutierten Beispiele ist bereits die Bedeutung für die Paläogeographie hervorgegangen. Es sei hier nur an den Begriff Fazies erinnert oder an den Flysch, der heute im Gegensatz zu früher nicht mehr als Watt-, sondern als Tiefwasserablagerung angesehen wird. Es erscheint verständlich, daß derartige Ergebnisse auch für den Paläogeographen wichtig sind.

Landbrücken oder Kontinentalverschiebungen?

Ein Kernproblem der Paläogeographie und damit auch der Biogeographie ist die Frage, ob die Lage der Ozeane und Kontinente konstant ist oder ob Kontinentalverschiebungen stattgefunden haben. Diese hat seit dem Jahr 1912, als ALFRED WEGENER seine Kontinentalverschiebungstheorie erstmals veröffentlichte, zu äußerst heftigen Diskussionen unter den Erdwissenschaftlern geführt. WEGENER war zweifellos nicht der erste, der derartige Ideen ausgesprochen hatte, doch war er es, der seine Theorie durch ein umfangreiches Belegmaterial aus dem Bereich der Erd- und Biowissenschaften zu stützen und sie auch zu deuten versuchte. Die von WEGENER angenommenen Ursachen der Kontinentalverschiebung (v. a. Polfluchtkräfte) waren es jedoch, die zur Ablehnung seiner Theorie durch die Geophysiker führten.

Anlaß für die Annahme von Kontinentalverschiebungen waren für WEGENER und seine Vorgänger, wie FRANCIS BACON (1620), THEODOR LILIENTHAL (1756) und ANTONIO SNIDER-PELLEGRINI (1858), der weitgehend übereinstimmende Küstenlinien-

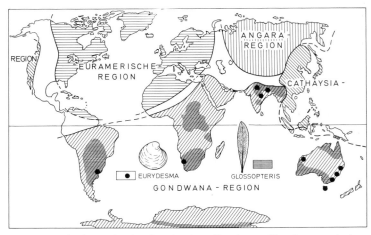

Abb. 80. Verbreitung der für den einstigen Gondwana-Kontinent typischen *Glossopteris*-Flora und der *Eurydesma*-Kaltwasserfauna im Unter-Perm. Verbreitung nur durch einstigen Südkontinent (Gondwana) erklärbar. (Nach E. P. PLUMSTEAD, 1973, ergänzt)

verlauf von Südamerika und Afrika. WEGENER stützte sich unter anderem auf Belege aus der Paläontologie. So waren schon frühzeitig die Übereinstimmung der Steinkohlenfloren Europas und Nordamerikas aufgefallen und auch die sog. *Glossopteris*-Flora als Charakterflora der südlichen Hemisphäre im Permo-Karbon registriert worden. Diese nach einer kennzeichnenden Farnsamergattung benannte Flora ist aus Südamerika, Afrika, Vorderindien, Australien und der Antarktis bekannt (Abb. 80). Sie war seinerzeit — zusammen mit geologischen Befunden — für den Wiener Geologen EDUARD SUESS ausschlaggebend, den Begriff Gondwanakontinent für einen einstigen Südkontinent zu prägen. SUESS nahm allerdings heute längst versunkene Landbrücken zwischen den einzelnen Kontinenten an. Damit ist zugleich auf ein Problem hingewiesen, das der (Paläo-)Biogeographie anhaftet. Sind die faunistischen und floristischen Ähnlichkeiten und Übereinstimmungen, wie sie für ein disjunktes, also nicht zusammenhängendes Verbreitungsbild typisch sind, durch den einstigen direkten Kontakt zwischen zwei oder mehr

Kontinenten oder durch Landbrücken zu erklären? Diese vom Biogeographen nicht mit Sicherheit beantwortbare Frage hat die Beweiskraft biogeographischer Befunde für paläogeographische Probleme wesentlich geschwächt.

Es war daher wesentlich, daß der vor etwa zwanzig Jahren einsetzende Umschwung zugunsten der Kontinentalverschiebungstheorie seinen Ausgang von der Geophysik nahm. Zunächst waren es paläomagnetische Meßergebnisse von verschiedenen Kontinenten, die mit einer konstanten Lage der einzelnen Kontinente nicht in Einklang gebracht werden konnten. Der *Paläomagnetismus* oder remanente Magnetismus beruht auf der Tatsache, daß Eisenpartikelchen in magmatischen oder auch Sedimentsgesteinen (z. B. Magnetit, Hämatit und andere Fe-Mineralien) nach dem jeweilig herrschenden geomagnetischen Feld eingeregelt werden. Ist die Lage dieser Gesteine seither nicht durch tektonische Ereignisse verändert und sind sie auch nicht über eine bestimmte Temperatur erhitzt worden, so gestatten diese Aussagen über die einstige Pollage. Ergebnisse dieser Untersuchungen zeigten, daß die Lage der einzelnen Kontinente zueinander während der Erdgeschichte nicht konstant war und daß die „Polwanderungen" durch die Kontinentverschiebungen vorgetäuscht werden.

Diese paläomagnetischen Befunde werden durch ozeanographische Untersuchungen gestützt. Durch das seit 1968 durchgeführte Joides-Tiefseebohrungsprogramm (= *J*oint *O*ceanographic *I*nstitutions for *D*eep-*E*arth *S*ampling) mit dem US-Forschungsschiff „Glomar Challenger" sind nicht nur Ausbildung, Alter und Zusammensetzung der Ozeanböden, sondern auch der Verlauf der Kontinentalschelfränder bekannt. Letzterer zeigt, daß die Paßform der Schelfränder von Südamerika und Afrika noch besser übereinstimmt als die Küstenlinie. Weiters sind dadurch in sämtlichen Ozeanen „mittel"-ozeanische Rücken nachgewiesen, von denen aus nach dem „sea-floor spreading"-Konzept das Wachstum der Ozeane erfolgt ist. Bereits in den Jahren vor dem 2. Weltkrieg war die mittelatlantische Schwelle vor allem durch die Untersuchungen des deutschen Forschungsschiffes „Meteor" als derartiges submarines Gebirgssystem bekannt und der österreichische Geologe OTTO AMPFERER nahm

153

bereits 1941 die Entstehung des Atlantischen Ozeans durch Konvektionsströmungen im Erdmantel an. Aber erst im Jahr 1960 wurde diese Erkenntnis von dem US-Ozeanographen H. HESS unter dem Begriff „sea-floor spreading" für die Entstehung sämtlicher Ozeane herangezogen. Dieses „sea-floor spreading" bedeutet Meeresbodenverbreiterung durch aufsteigendes Mantelmaterial im Bereich der zentralen Längsgräben dieser „mittel"-ozeanischen Rücken und zugleich ein Auseinanderschieben der spezifisch leichteren Kontinentalschollen durch den schwereren basaltischen Ozeanboden. Die Richtigkeit dieses Konzeptes wird nicht nur durch das zu den Kontinenten hin zunehmende Alter der Meeresbodensedimente, sondern auch durch paläomagnetische Befunde bestätigt.

Wie weltweite Untersuchungen zeigen, ist es in der „Vorzeit" wiederholt zu Umpolungen des erdmagnetischen Feldes gekommen. Diese Umpolungen lassen sich ähnlich dem remanenten Magnetismus derart nachweisen, daß jeweils vom „rift-valley", also vom zentralen Graben der „mittel"-ozeanischen Rücken aus ein zweiseitig symmetrisch angeordnetes Muster von Sedimenten mit normalem und reversem Paläomagnetismus registriert werden konnte. Diese durch Fossilien datierten Sedimente und auch das sog. „basement" (Basaltboden) darunter dokumentieren die vom „rift valley" ausgehende Meeresbodenverbreiterung. Diese Befunde bestätigen das relativ junge erdgeschichtliche Alter der *heutigen* Ozeane gegenüber den Kontinenten. Bisher konnte kein Meeresboden, der älter als Jura ist, aus den Ozeanen nachgewiesen werden. Andererseits bedeutet dies, daß die präjurassische Geschichte der Ozeane und Kontinente nicht durch ozeanographische Methoden rekonstruierbar ist, sondern im Prinzip nur durch erdwissenschaftliche Befunde an Gesteinen der Kontinente.

Nach diesen zum Verständnis notwendigen Vorbemerkungen wieder zum eigentlichen Thema. Die neuen Befunde bestätigten die Existenz des einst von A. WEGENER als Pangaea (Abb. 81) und — fälschlich — als Urkontinent bezeichneten einheitlichen Kontinentes (im Jung-Paläozoikum und zur Triaszeit) ebenso, wie einen einstigen Nord-(Laurasia) und Südkontinent (Gondwana), die etwa zur Jura-Zeit durch die Tethys getrennt waren.

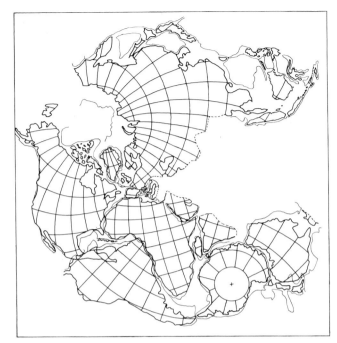

Abb. 81. Die Pangaea zur Perm- und Trias-Zeit. Laurasia als Nord- und Gondwana als Südkontinent miteinander verbunden. Position von Madagaskar und des australo-antarktischen Kontinents zum afro-amerikanischen nicht ganz gesichert. (Nach P. M. S. BLACKETT et al., 1965, ergänzt und verändert umgezeichnet)

Was kann die Paläontologie mit Hilfe von Fossilien zu diesem Themenkreis beitragen? Grundsätzlich können Fossilien Hinweise auf den Zeitpunkt der Trennung zweier Kontinente bzw. zur Entstehung von Ozeanen sowie zur Existenz von Meeresstraßen und Landbrücken geben. Wichtig ist dabei die Möglichkeit der Doppelkontrolle, indem Befunde an nicht-marinen Organismen und an marinen Lebewesen herangezogen werden können. Die folgenden Beispiele mögen dies erläutern.

Ein vor allem von Tiergeographen heftig diskutiertes Problem bilden die faunistischen Beziehungen zwischen Südamerika und Afrika. Voraussetzung für die Auswertung derartiger Befunde ist nicht nur der Nachweis des monophyletischen Ursprunges, d. h. der gemeinsamen Ausgangsformen, sondern auch — bei landbewohnenden Tieren — der Ausschluß einer passiven Verfrachtung durch Luft- oder Meeresströmungen bzw. durch fliegende Organismen (z. B. Transport von Kleinkrebsen durch Zugvögel). Dies bedeutet, daß die disjunkte Verbreitung einer Art oder höherer taxonomischer Kategorien allein noch keinen sicheren Hinweis auf ein einst zusammenhängendes Verbreitungsareal und damit etwa einen direkten Festlandkontakt gibt. Unter den disjunkten Verbreitungsgebieten sind mit O. KRAUS sogenannte plesiochore (Schrumpf-)Areale als Restgebiete einer einst (welt-)weiten Verbreitung und apochore Areale zu unterscheiden. Nur apochore Verbreitungsareale geben Hinweise auf eine einstige Landverbindung.

Für Südamerika und Afrika lautet die Frage: Wann erfolgte die Trennung bzw. wann entstand der Südatlantik? Die Meeresbodensedimente geben keine eindeutige Antwort auf diese Frage. Im Zuge erdölgeologischer Untersuchungen konnte K. KRÖMMELBEIN erstmals 1965 aus Ostbrasilien (Prov. Bahia) und Westafrika (Gabun) übereinstimmende Abfolgen von Mikrofaunen (v. a. Ostracoden; Abb. 82) aus Bohrprofilen nachweisen, die zeigen, daß noch zur Unter-Kreide-Zeit ein gemeinsames Brackwasserbecken als proto-ozeanisches Stadium existierte, das Teile Ostbrasiliens und Westafrikas umfaßte. Diese Befunde werden durch das beiden Kontinenten gemeinsame Vorkommen von Landwirbeltieren (z. B. *Sarcosuchus* im Apt) bestätigt. Über dem nichtmarinen „Wealden" (= Unter-Kreide) liegen in den heutigen Küstenbecken Nordostbrasiliens und Westafrikas marine Ablagerungen mit Ammoniten der jüngeren Unter-Kreide (Ober-Apt und Alb) und der älteren Ober-Kreide (Cenoman-Turon), die für die erste durchgehende Verbindung des Südatlantik in der jüngsten Unter-Kreide-Zeit bzw. älteren Ober-Kreide-Zeit sprechen. Bereits vorher hatte im südlichen Südatlantik dessen Öffnung begonnen.

Seit der älteren Ober-Kreide-Zeit ist jedenfalls der direkte Landkontakt zwischen Südamerika und Afrika unterbrochen. Diese verhältnismäßig späte Trennung beider Kontinente

156

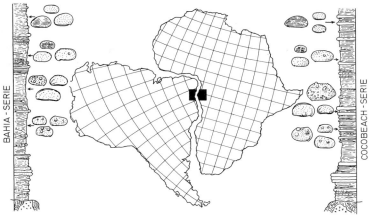

NE - BRASILIEN
(BAHIA - SERGIPE)

W- AFRIKA
(GABUN)

Gemeinsame Ostracoden - Arten und
Gemeinschaften

BAHIA - SERIE

COCOBEACH - SERIE

Abb. 82. Profile mit übereinstimmenden fossilen Mikrofaunen (Ostracoden) aus einem nichtmarinen Becken des „Wealden" (jüngster Ober-Jura und Unter-Kreide) von Nordostbrasilien (Reconcavo-Graben, Prov. Sergipe) und Westafrika (Gabun) als Hinweis auf die einstige Landverbindung. (Nach K. KRÖMMELBEIN, 1966 und 1966a, kombiniert umgezeichnet)

spiegelt sich auch in der heutigen Fauna und Flora wider. Dabei zeigt sich, daß nur erdgeschichtlich ältere Gruppen (z. B. Lungenfische: *Lepidosiren* und *Protopterus;* Knochenzüngler: *Osteoglossus* und *Heterotis* (= *Clupisudis*); Salmler mit den Characiden; Amphibien mit den Pipidae: *Pipa* und *Xenopus;* Schildkröten [Pelomedusidae]: *Podocnemis* und *Pelomedusa;* Straußvögel: *Rhea* und *Struthio*) nahe verwandtschaftliche Beziehungen erkennen lassen (Abb. 83). Bei jüngeren Gruppen beruhen die Ähnlichkeiten meist auf Konvergenz- oder Parallelerscheinungen, wie etwa die Kolibris und Nektarvögel oder die Leguane und Agamen dokumentieren. Sowohl für die Nagetiere (Caviomorpha mit *Coendou* usw. und Hystricomorpha mit *Hystrix* usw.) als auch für die Affen [Neu- (z. B. *Saimiri*) und Altweltaffen (z. B. *Cercopithecus*)] wird neuerdings diskutiert, ob die Ähnlichkeiten tatsächlich nur Parallelerscheinungen sind

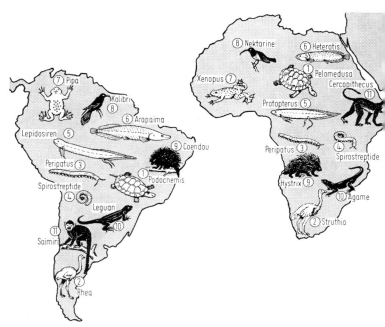

Abb. 83. Tiergeographie und Kontinentaldrift. Erdgeschichtlich alte *(hell)* und junge Tiergruppen *(dunkel)* Südamerikas und Afrikas. Beachte Übereinstimmung bei ersteren durch identische oder nahverwandte Gattungen. Bei den erdgeschichtlich jungen Elementen Ähnlichkeiten durch Konvergenz- bzw. Parallelerscheinungen

oder ob nicht doch jeweils ein monophyletischer Ursprung anzunehmen ist. Letzteres würde bedeuten, daß die Vorfahren der Caviomorphen und der Neuweltaffen im Alttertiär per Drift von Afrika nach Südamerika gelangt sind.

Fossile Landwirbeltiere und ihre paläogeographische Bedeutung

Das nächste Beipiel führt uns abermals in die Neue Welt. Die gegenwärtige Säugetierfauna Süd- und Zentralamerikas ist durch die hohe Zahl von Endemiten, also einheimischer Elemente, gekennzeichnet. Süd- und Mittelamerika wird daher von den Tiergeographen als eigene Region (Neotropis) von Nordamerika (Nearktis) getrennt. Diese faunistische Sonderstellung

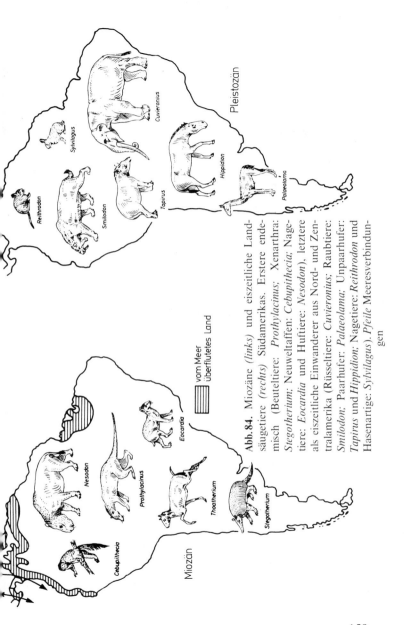

Pleistozän

Sylvilagus

Reithrodon

Cuvieronius

Smilodon

Tapirus

Hippidion

Palaeolama

vom Meer
überflutetes Land

Nesodon

Cebupithecia

Prothylacinus

Eocardia

Thoatherium

Stegotherium

Miozän

Abb. 84. Miozäne *(links)* und eiszeitliche Landsäugetiere *(rechts)* Südamerikas. Erstere ende-
misch (Beuteltiere: *Prothylacinus;* Xenarthra:
Stegotherium; Neuweltaffen: *Cebupithecia;* Nagetiere: *Eocardia* und Huftiere: *Nesodon*), letztere
als eiszeitliche Einwanderer aus Nord- und Zentralamerika (Rüsseltiere: *Cuvieronius;* Raubtiere:
Smilodon; Paarhufer: *Palaeolama;* Unpaarhufer:
Tapirus und *Hippidion;* Nagetiere: *Reithrodon* und
Hasenartige: *Sylvilagus*). *Pfeile* Meeresverbindun-
gen

159

— wobei man Zentralamerika als eine Art zoogeographisches Übergangsgebiet betrachten kann — wird aus der Faunengeschichte verständlich. Diese widerspiegelt wiederum das paläogeographische Geschehen. Die Faunengeschichte ist durch Fossilfunde gut dokumentiert (Abb. 84). Sie läßt erkennen, daß von der heutigen Säugetierfauna nur die Beuteltiere (Beutelratten, Opossumratten), die sog. Xenarthren (Gürteltiere, Faultiere und Ameisenfresser), die Neuweltaffen (Platyrrhini mit Krallenaffen und Kapuzinerartigen) und die caviomorphen Nagetiere (z. B. Meerschweinchen, Maras, Chinchillas, Agutis, Trugratten und Baumstachler) zu den seit dem Alttertiär in Südamerika heimischen Stämmen gehören, während die für Südamerika so kennzeichnenden Paarhufer, wie etwa Lamas, Pekaris und Puduhirsche, ferner Unpaarhufer (Tapire), Raubtiere (Jaguar, Wildkatzen, „Campos"- und „Waldfüchse", Wasch-, Nasen- und Wickelbären sowie Brillenbär und Marderartige), Hasenartige (Waldkaninchen) und auch die hamsterartigen Nagetiere mit den Neuweltmäusen spätere, und zwar hauptsächlich eiszeitliche Einwanderer sind.

Die Isolierung des südamerikanischen Kontinentes durch fast die ganze Tertiärzeit hindurch wird nicht nur durch die Verschiedenheiten gegenüber den damaligen nord- und mittelamerikanischen Landsäugetierfaunen bestätigt, sondern auch durch die bis ins Jung-Miozän andauernde Übereinstimmung der ostpazifischen und karibischen Meeresfauna. Diese ist durch die damalige direkte Meeresverbindung gegeben. Diese Meeresstraße ermöglichte im Miozän auch die Ausbreitung der Seekühe und Mönchsrobben von der Karibik in den Pazifik und der Walrosse vom Pazifik in den Atlantik. Erst im Pliozän kommt es zur endgültigen Heraushebung der Panamabrücke und damit zum Faunenaustausch zwischen Süd- und Zentralamerika. Die Panamabrücke ist eine erdgeschichtlich junge Bildung, die jedoch nicht durch Meeresspiegelschwankungen entstanden ist, wie dies etwa für andere Landbrücken gilt.

Eustatische Meeresspiegelschwankungen und die Biogeographie

Zu den wichtigsten Erkenntnissen der Erdwissenschaft zählt der Nachweis einstiger Eiszeiten. Es soll hier nicht von den

160

Befunden die Rede sein, die heute als Belege für derartige vorzeitliche Kaltzeiten angeführt werden können, wie Gletscherschliffe, Moränen, Bodenbildungen usw., sondern von einer Art Nebenwirkung der Eiszeiten. Zu Eiszeiten, wie sie etwa aus dem Pleistozän und dem Jung-Paläozoikum (vom Gondwanakontinent) bekannt sind, waren weite Teile oder auch ganze Kontinente von mächtigen Inlandeisschilden bedeckt, wie dies auch gegenwärtig noch für die Antarktis zutrifft. Da der Begriff Eiszeit bereits für erdgeschichtliche Epochen mit viel ausgedehnteren Vergletscherungen vergeben ist, empfiehlt es sich, von kryogenen (nach kyros, gr. Eis) und akryogenen Perioden oder Zeiten zu sprechen. Zu akryogenen Zeiten fehlten derartige Eiskappen völlig, das Klima war dementsprechend ausgeglichener als zu Eiszeiten oder auch gegenwärtig. Noch im Pleistozän kam es zu einem mehrfachen Wechsel von Warm- und Kaltzeiten, über deren Ursachen nach wie vor diskutiert wird.

Die oben erwähnte Nebenwirkung besteht darin, daß zu Kaltzeiten bedeutende Wassermengen in Form der Inlandeisschilde gebunden sind. Dies bedeutet wiederum eine Absenkung des Meeresspiegels. Derartige Meeresspiegelschwankungen bezeichnet man als eustatisch im Gegensatz zu den isostatisch bedingten, die auf Ausgleichsbewegungen von Kontinentalmassen beruhen. Die Bildung von mächtigen Inlandeisschilden führt zu einer (isostatischen) Absenkung des betroffenen Kontinentes. Mit dem Abschmelzen des Eises hebt sich der Kontinent. Iso- und eustatische Bewegungen können demnach gleichzeitig erfolgen. So hebt sich auch gegenwärtig noch Skandinavien, das zur letzten Kaltzeit (Würm- oder Weichsel-Eiszeit) von einem Eisschild bedeckt war. An die durch das Eis bedingte Absenkung erinnern heute noch die Fjorde an der Atlantikküste von Norwegen.

Für den Biogeographen sind jedoch die eustatischen Meeresspiegelschwankungen viel wichtiger, ist doch mit Werten bis zu 200 Metern zu rechnen. Allein das Abschmelzen der heutigen Eisschilde würde eine Erhöhung des Meeresspiegels um 75 m ausmachen. Berücksichtigt man jedoch die Absenkung während des Höchststandes einer Kaltzeit, so wird nicht nur die Entstehung von Landbrücken, sondern auch die Trockenlegung ganzer Schelfgebiete verständlich.

Zu den für die Verbreitung von Landtieren und -pflanzen wichtigsten Landbrücken, die durch eustatisch bedingte Meeresspiegelschwankungen entstanden sind, zählen die Beringbrücke zwischen Asien und Nordamerika und die Torresbrücke zwischen Australien und Neuguinea. Aber auch die Tatarskibrücke, welche die Japanischen Inseln mit dem asiatischen Festland verband, die Bassbrücke zwischen Australien und Tasmanien und die Landbrücke zwischen England und dem europäischen Festland zählen zu eustatisch bedingten Landbrücken. Alle genannten einstigen Landbrücken liegen im Bereich von Flachmeeren, so daß oft schon eine Absenkung des Meeresspiegels von 50 bis 100 Metern zu ihrer Entstehung führt.

Zu den bekanntesten Schelfgebieten von Kontinenten, die zu Kaltzeiten Festland waren, gehört die südliche Nordsee und die Sundasee (Abb. 85). Vom Boden der Nordsee sind wiederholt Reste der jungeiszeitlichen Säugetiere, wie das Mammut *(Mammuthus primigenius)* gedredscht worden. Die Besiedlung der großen Sundainseln durch Landsäugetiere, wie etwa Elefant, Nashorn, Tapir, Büffel, Tiger, Orang, Muntjak- und Zwerghirsche wird dadurch verständlich. Zahlreiche eiszeitliche Wirbeltierfaunen aus Sumatra und Borneo bestätigen die zur Eiszeit erfolgte Besiedlung dieser Inseln.

Die Bedeutung von Landbrücken, wie etwa der Beringbrücke wird aus der Verbreitungsgeschichte zahlreicher Tier- und Pflanzengruppen verständlich. Allerdings ist zu berücksichtigen, daß die Beringbrücke bereits während der Tertiärzeit existierte und daß das damalige Klima auch einen Austausch warmgemäßigter Faunen- und Florenelemente ermöglichte. Auch hier läßt sich anhand von Landsäugetierfaunen einerseits und Meeresfaunen andrerseits die wiederholte Existenz der Beringbrücke bzw. Beringstraße belegen.

Noch heute erinnert die disjunkte Verbreitung verschiedener Tier- und Pflanzengruppen an die einstige Existenz der Beringbrücke. Die Tapire (Fam. Tapiridae), die gegenwärtig in Südostasien *(Tapirus indicus),* Mittel- und Südamerika (z. B. *Tapirus bairdi, T. terrestris, T. pinchaque)* heimisch sind, waren zur

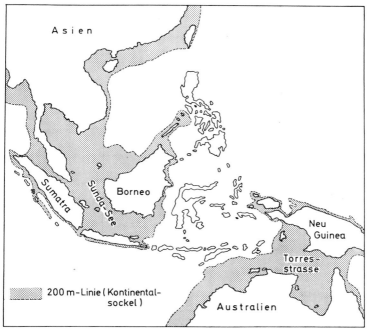

Abb. 85. Verlauf des Kontinentalsockels in Südostasien und Australien (dargestellt durch die 200 m Tiefenlinie). Sundasee und Torresstraße zur Eiszeit durch eustatische Meeresspiegelschwankungen zeitweise landfest

Tertiärzeit in ganz Eurasien und Nordamerika verbreitet. Noch zur Eiszeit in Europa und Nordamerika nachgewiesen, zogen sich die Tapire seither auf Südostasien und auf Mittel- und Südamerika zurück. Die Tapire entstanden vermutlich in Asien und haben sich von dort sowohl nach Europa als auch über die damalige Beringbrücke nach Nordamerika verbreitet. Südamerika erreichten die Tapire erst während der Eiszeit, als die Panamabrücke entstanden war.

Für die Verbreitung der Kamelartigen (Fam. Camelidae) gilt gegenwärtig ähnliches. Heute durch Wildformen nur mehr in Zentralasien (Trampeltier: *Camelus ferus ferus*) und Südamerika [Lamas mit dem Guanako *(Lama guanicoë)* und Vicugna

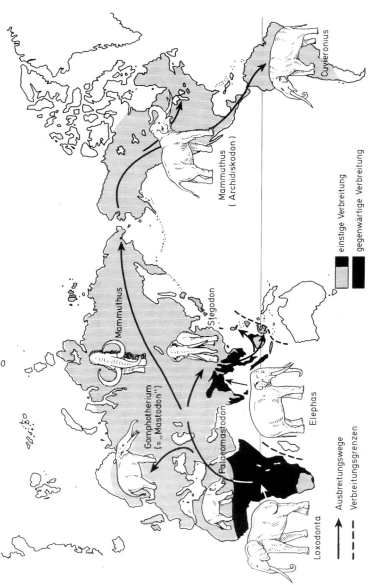

Abb. 86. Einstige und jetzige Verbreitung der Rüsseltiere (Proboscidea). Im Jung-Tertiär in Afrika, Eurasien und Nord-amerika, zur Eiszeit auch in Südamerika heimisch. Gegenwärtig disjunkt verbreitet (Afrika: *Loxodonta africana*; Südasien:

(*L. vicugna*)] heimisch, waren die Cameliden einst über weite Teile der nördlichen Hemisphäre und Afrikas verbreitet. Die Urheimat der Cameliden ist Nordamerika, von wo aus sie sich über die Beringbrücke zur jüngsten Tertiärzeit nach Asien und Europa sowie über die arabische Halbinsel auch nach Nord- und Ostafrika ausbreiteten. Während der Eiszeit gelangten die Cameliden mit den Lamas über die Panamabrücke nach Südamerika. In Nordamerika, ihrer eigentlichen Heimat, sind die Kamele und Lamas an der Wende von der Eiszeit zum Holozän ausgestorben.

Aber auch die Verbreitungsgeschichte der Rüsseltiere (Proboscidea), von denen bereits im Kapitel V die Rede war, ist ohne Existenz von Bering- und Panamabrücke nicht erklärbar. Im Alttertiär in Afrika entstanden, breiteten sich die Rüsseltiere mit den Mastodonten (z. B. *Gomphotherium*) nach Eurasien aus und erreichten noch im Miozän über die Beringbrücke Nordamerika, um während der Eiszeit auch nach Südamerika zu gelangen. Die Elefanten mit der Mammut-Gruppe *(Mammuthus-Archidiskodon)* zeigen eine ähnliche Ausbreitung im Plio-Pleistozän, verbreiteten sich aber nicht nach Südamerika. Noch während der Eiszeit in weiten Teilen der Alten und Neuen Welt heimisch, starben die Rüsseltiere in Europa und Amerika völlig aus und überleben gegenwärtig nur mit den Elefanten in Afrika und Südasien (Abb. 86).

Zur Tertiärzeit waren zahlreiche Koniferen- und Laubbaumgattungen holarktisch, d. h. in den gemäßigten Gebieten der nördlichen Hemisphäre verbreitet. Heute kommen sie auf begrenzten Arealen disjunkt vor, wie etwa der Amberbaum *(Liquidambar),* Nußgewächse *(Carya, Pterocarya, Juglans),* Eichen *(Quercus),* Ahorn *(Acer)* und Ulmen *(Ulmus)* unter den Laubbäumen sowie Sumpfzypressen *(Taxodium),* Rotholz- *(Sequoia)* und Urwelt-Mammutbäume *(Metasequoia)* unter den Nadelhölzern (Abb. 87). Die Ausbreitung letzterer ist jedoch nicht nur über die Beringbrücke, sondern auch über eine direkte landfeste Verbindung von Europa und Nordamerika über Spitzbergen und Grönland erfolgt. Noch zur ältesten Tertiärzeit bildeten Europa und Nordamerika einen Festlandblock, da damals der Nordatlantik noch nicht existierte. Erst ab dem Alt-

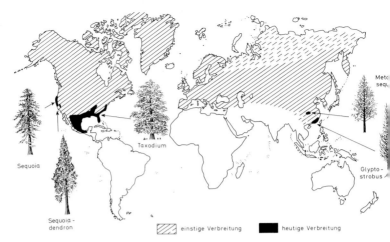

Abb. 87. Einstige und jetzige Verbreitung der wichtigsten Sumpfzypressengewächse (Taxodiaceen). Gegenwärtig mit *Taxodium, Sequoia* und *Sequoiadendron* in der Neuen Welt, mit *Metasequoia* und *Glyptostrobus* in Ostasien disjunkt verbreitet. Zur Tertiärzeit meist holarktisch verbreitet. (Nach E. Thenius, 1977)

Eozän trennte eine Meeresstraße, aus der schließlich der Nordatlantik entstand, Europa von Nordamerika. Diese einstige direkte Landverbindung kommt nicht nur in der Ähnlichkeit bzw. Übereinstimmung ältesttertiärer Landwirbeltierfaunen zum Ausdruck, sondern auch im Vorkommen neuweltlicher Elemente, wie etwa von Krustenechsen *(Helodermatiden)* und Laufvögeln *(Diatryma)* im europäischen Eozän.

Marine Fossilien als paläogeographische Zeugen

Bereits oben wurde auf die Bedeutung fossiler Meeresbewohner für die Paläogeographie hingewiesen. So etwa Kreide-Ammoniten als Belege für die Entstehung des Südatlantik oder die Seekühe und Robben sowie Foraminiferen, Muscheln, Schnecken und andere Wirbellose als Hinweise für die Existenz einer Verbindung zwischen Ostpazifik und Karibik im Tertiär. Noch heute zeugen eine Reihe mariner Arten mit amphi-

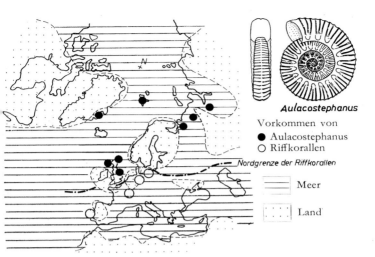

Aulacostephanus

Vorkommen von
- ● Aulacostephanus
- ○ Riffkorallen

Nordgrenze der Riffkorallen

Meer

Land

Abb. 88. Ammoniten, Riffkorallen und Paläogeographie. Verbreitung von *Aulacostephanus (Xenostephanus)* als boreale Gruppe und der Riffkorallen als tropische Elemente im Ober-Jura (Kimmeridge) Europas. *Schwarze Punkte* Ammonitenfundstellen; *Kreise* Vorkommen von Riffkorallen, deren Artenzahl vom Süden (über 110) nach Norden (7) abnimmt. (Nach B. ZIEGLER, 1967, verändert)

amerikanischer Verbreitung oder (bei artlicher Differenz nahverwandter Formen) sog. Zwillingsarten von der einstigen Meeresverbindung über Mittelamerika. Diese Arten kommen an der Pazifik- und Atlantik- bzw. Karibikküste vor.

Fossile Meeresfaunen lassen jedoch auch Rückschlüsse auf einstige *Faunenprovinzen* zu. Zur älteren Kreidezeit waren die Faunen des karibischen und des mediterranen Raumes weitgehend identisch. Zur Oberkreide-Zeit haben sich Karibik und das Mittelmeer zu eigenen Faunenprovinzen entwickelt, da der sich weit öffnende Atlantik eine Barriere für benthonische Faunenelemente bildete, sofern diese nicht planktonische Larvenstadien besaßen. Mit Hilfe derartiger Planktonlarven können verschiedene, im erwachsenen Zustand bodenbewohnende Meerestiere auch größere Strecken offener Meere überwinden, sofern entsprechende Meeresströmungen vorhanden waren. Die Trennung biogeographischer Provinzen von rein klimatisch bedingten ist für die „Vorzeit" nicht immer möglich.

War man einst der Meinung, daß eine Klimadifferenzierung auf der Erde erst zur Tertiärzeit einsetzte, so hat bereits M. NEUMAYR 1883 eine boreale und eine mediterrane Provinz für die Jurazeit anhand von Ammoniten angenommen. Heute werden Klimazonen für die Dauer des gesamten Phanerozoikums angenommen, wenngleich der Umfang der Klimazonen nicht konstant war. Hier sind besonders kryogene und akryogene Perioden zu unterscheiden.

Ein derart akryogenes Zeitalter war das Mesozoikum, wie weit verbreitete Floren und Faunen dokumentieren. Neuere Untersuchungen an Ammonoideen und Belemnoideen durch W. J. ARKELL, G. R. STEVENS, B. ZIEGLER u. a. haben wohl für die Jurazeit zu einer viel weitergehenden Gliederung der damaligen marinen Faunenprovinzen, als sie NEUMAYR erstmalig annahm, geführt; doch haben diese Autoren auch gezeigt, daß ökologisch bedingte Fehlerquellen auszuschalten sind (vgl. Abb. 88). So lassen sich etwa im Ober-Jura nördlich der Tethys-Provinz (= mediterrane) eine submediterrane, subboreale und eine boreale Provinz unterscheiden.

Mit diesem Beispiel ist zugleich aufgezeigt, daß auch anhand völlig ausgestorbener Lebewesen Aussagen über einstige Klimaprovinzen erzielbar sind.

Zum Abschluß dieses Kapitels noch einige Worte zum bereits erwähnten Gondwanakontinent. Die Existenz eines derartigen Südkontinentes, der aufgrund der gemeinsamen *Glossopteris*-Flora angenommen wurde, ist in jüngster Zeit durch den Nachweis südafrikanischer Reptilien (z. B. *Lystrosaurus*) und Amphibien (Stegocephalen) aus der Trias-Zeit durch den US-Paläontologen E. H. COLBERT glänzend bestätigt worden (Abb. 89). Eine Ausbreitung dieser Reptilien und Amphibien wäre ohne direkte Landverbindung nicht möglich gewesen. Dies gilt auch für die erst kürzlich bekannt gewordenen Lungenfische (? *Ceratodus*) aus der antarktischen Trias.

Die Pangaea sowie Laurasia als Nord- und Gondwana als Südkontinent waren jedoch nur vorübergehende Stadien in der Erdgeschichte. Der Pangaea ging im älteren Paläozoikum ein

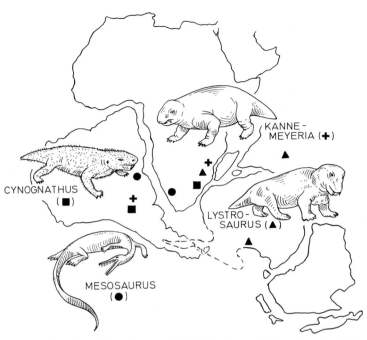

Abb. 89. Gondwana-Kontinent und die Verbreitung nichtmariner Reptilien im Unter-Perm *(Mesosaurus)* und in der Unter-Trias *(Lystrosaurus, Kannemeyeria, Cynognathus). Mesosaurus* = Ästuarbewohner. (Nach C. B. Cox, 1973, und A. S. Romer, 1968, kombiniert und ergänzt umgezeichnet)

Stadium mit mehreren Kontinenten voraus. Die Pangaea selbst entstand im Zuge der variszischen Gebirgsbildung zur Karbonzeit. Sie trennte sich im Mesozoikum zu einem Nord- und Südkontinent, die anschließend unter Bildung der heutigen Ozeane (Atlantik, Indik und Pazifik) weiter zerfielen und zugleich zu den heutigen (alpidischen) Gebirgen führten. Diese wechselnde Zahl von Kontinenten bzw. Kontinentalschollen spiegelt sich in der Zahl der Familien von Flachmeerbewohnern wider, worauf J. W. Valentine und S. M. Moores erstmalig im Jahr 1970 hingewiesen haben (Abb. 90). Ein derartiger Zusammenhang mit der Faunenvielfalt läßt sich mit der bei mehreren Kontinental-

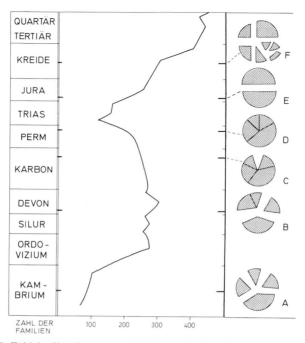

Abb. 90. Zahl der Kontinente und Häufigkeit der Familien bodenbewohnender Meerestiere. Beachte Tiefpunkt der Kurve zur Perm-Triaszeit, als ein einheitlicher Kontinent (Pangaea) existierte. *Rechts* Zahl der Kontinentalschollen (Schema). (Nach J. W. VALENTINE und E. M. MOORES, 1970, verändert umgezeichnet)

schollen verstärkten Isolationswirkung bei der Artbildung herstellen. Dieser erklärt das Zusammenfallen des Tiefpunktes mit der Pangaea.

IX. „Lebende Fossilien"

Was sind „lebende Fossilien"?

Das letzte Kapitel ist „lebenden Fossilien" gewidmet. Was versteht man überhaupt unter dieser Bezeichnung, die ein Widerspruch in sich ist und aus diesem Grund unter Anfüh-

170

rungszeichen gesetzt ist. CH. DARWIN hat diesen Begriff erstmalig für den ostasiatischen Tempelbaum *(Ginkgo biloba)* verwendet, der sich als Angehöriger der rezenten Nacktsamer *(Gymnospermen)* von den übrigen Arten durch die Wuchsform, Beblätterung, Blütenbildung und die Art der Fortpflanzung beträchtlich unterscheidet. „Lebende Fossilien" sind demnach keine zum Leben erweckten Fossilien, wie dies vor einigen Jahren für Bakterien aus permischen Steinsalzen gemeldet wurde, sondern Angehörige der heutigen Fauna und Flora. Sie unterscheiden sich von anderen rezenten Organismen durch altertümliche Merkmale, sind vielfach auf Schrumpf- oder Reliktareale beschränkt und stehen im System meist isoliert, da ihre nächsten Verwandten längst ausgestorben sind. Alle diese Eigenheiten treffen auf den Tempelbaum zu, der als Wildform auf ein begrenztes Areal in Südchina beschränkt war, heute jedoch als Parkbaum weltweit verbreitet ist.

Die Fossildokumentation zeigt überdies, daß verwandte Formen solcher „lebender Fossilien" in der „Vorzeit" arten- und formenreich sowie oft weltweit verbreitet waren. „Lebende Fossilien" sind also phyletische Dauertypen, die sich oft über Jahrmillionen hinweg nicht oder nur wenig verändert haben. Da nicht nur die Hartteile, also das Skelett usw., sondern auch die „Weichteile" dieser „lebenden Fossilien" untersucht werden können, können sie für den Paläontologen wertvolle Hinweise auf die Weichteilanatomie, auf den Bau der Blüten u. dgl. sonst längst ausgestorbener Gruppen geben. Außerdem bieten sie eine geeignete Ausgangsbasis, wenn es gilt, Laien mit Fossilien bekannt zu machen.

Ihre Entdeckungsgeschichte ist in manchen Fällen überaus interessant. Sie geben jedoch selbst dem Fachmann manche Probleme auf, besonders wenn es um die Frage geht, wieso derartige „lebende Fossilien" überhaupt bis zur Gegenwart überleben konnten und warum sie sich oft Jahrmillionen hindurch nicht oder kaum verändert haben, ganz abgesehen davon, daß bei manchen Arten überhaupt diskutiert wird, ob sie als „lebende Fossilien" bezeichnet werden können. Vor Beantwortung dieser Fragen jedoch einige Beispiele für derartige stammesgeschichtliche Dauertypen. Es erscheint selbstverständlich, daß es sich hier nicht etwa um eine Aufzählung, sondern nur um eine bescheidene Auswahl handeln kann.

Latimeria — ein lebender Quastenflosser

Von den Quastenflossern (Crossopterygii) unter den Knochenfischen war bereits im Kapitel V als Stammformen der Landwirbeltiere die Rede. Quastenflosser waren bis zum Jahr 1938 nur fossil bekannt. Die erdgeschichtlich jüngsten Crossopterygier stammen aus der Ober-Kreide. Daher nahm man an, diese Fische seien vor mindestens 65 Millionen Jahren ausgestorben.

Man kann sich daher die Zweifel der Wissenschaftler vorstellen, als angeblich ein lebender Quastenflosser vor der Küste Südafrikas entdeckt worden war. Es war in den Dezembertagen des Jahres 1938, als von dem Kapitän des Fischdampfers „El 8" der Fish Company Ltd. dem Museum in East London an der Küste Südafrikas etliche Fische angeboten wurden, unter denen sich ein großer, kräftig beschuppter Fisch befand, der durch die Flossen etwas an einen Lungenfisch erinnerte. Da der Fisch infolge der Jahreszeit bereits etwas in Verwesung übergegangen war und Prof. J. L. B. SMITH als zuständiger Wissenschaftler vom benachbarten Grahamstown der Feiertage wegen nicht erreichbar war, konnten die Weichteile des Fisches nicht mehr konserviert werden. Lediglich die Haut mit der Beschuppung wurde durch einen Präparator gerettet. Dadurch gingen von diesem wissenschaftlich einmaligen Exemplar die für die Beurteilung der Anatomie wichtigen Organe verloren. Es war, wie J. L. B. SMITH in seinem Buch (1957) schreibt, eine der größten Tragödien der Zoologie. Der erste lebend gefundene Quastenflosser — ohne Weichteile! Immerhin bot die Haut samt den Schuppen und dem Schädel eine Grundlage für die wissenschaftliche Bearbeitung und den Vergleich mit Fossilformen. Der Fisch wurde von Prof. SMITH nach der Kustodin des Museums von East London, Frau M. COURTENAY-LATIMER, und dem Fluß, vor dessen Mündung der Fisch gefangen worden war, als *Latimeria chalumnae* beschrieben. Was die Wissenschaftler so überraschte, war die Übereinstimmung mit den aus der Jura- und Kreidezeit bekannten Quastenflossern, die nicht nur das

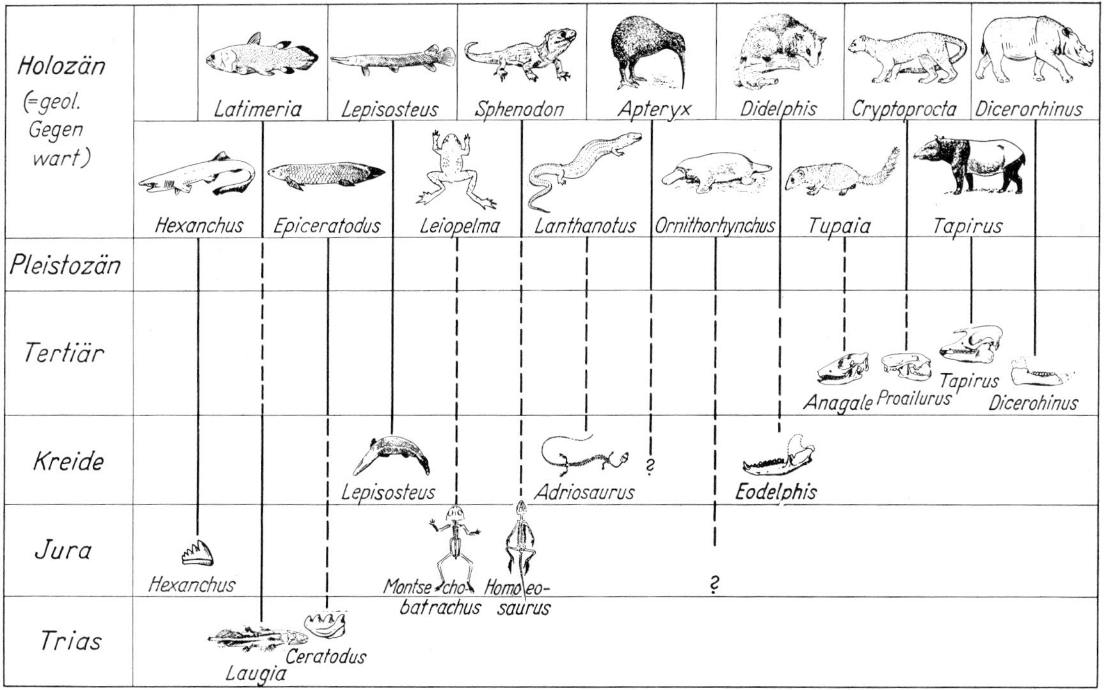

Abb. 91. „Lebende Fossilien" unter den Wirbeltieren (Auswahl) und Fossilbelege. *Strichliert* fossil nicht nachgewiesen

Aussehen, sondern auch die Ausbildung und die Stellung der Flossen betrifft (s. Abb. 91).

Der Nachweis eines lebenden Quastenflossers war sowohl wegen der Widerlegung der allgemeinen Lehrmeinung, daß die Crossopterygier längst ausgestorben seien, wichtig, als auch deshalb, weil die Fische die Stammformen der Landwirbeltiere bilden. In dieser Hinsicht wurden die Erwartungen der Zoologen allerdings etwas enttäuscht, da die *Latimeria chalumnae* dem stammesgeschichtlich unbedeutsamen Stamm der Coelacanthida (Hohlstachler) angehört und nicht jenem der Rhipidistia, also den eigentlichen Ahnen der Tetrapoden. Diese sind nach der Fossildokumentation bereits im Jung-Paläozoikum ausgestorben. Nur die Coelacanthiden, die sich von ursprünglichen Süßwasserfischen zu Meeresbewohnern entwickelten, überlebten.

Wieso blieben diese Fische so lange der Wissenschaft verborgen, waren es doch keine kleinen, winzigen Formen? Die Antwort auf diese Frage konnte erst etwa eineinhalb Jahrzehnte nach ihrer Entdeckung gegeben werden. Diese Quastenflosser leben nicht vor der Küste Südafrikas, sondern im Bereich der Komoren, einer vulkanischen Inselgruppe nordwestlich von Madagaskar. Das erste Exemplar war ein durch die Meeresströmung weit abgedriftetes Exemplar. Wie sich in den vergangenen Jahren zeigte, waren die Quastenflosser den Eingeborenen der Komoren längst bekannt, sind jedoch als Lippfische angesehen worden. Im übrigen verwenden die Bewohner der Komoren die oberflächlich rauhen Schuppen der Quastenflosser als Art „Sandpapier" zum Aufrauhen von Klebeflächen defekter Fahrradschläuche. Dadurch, daß der Lebensraum dieser Quastenflosser in einer Tiefe zwischen 180 und 800 m liegt und sie vornehmlich Bodenbewohner der submarinen Inselhänge sind, blieben sie so lange unentdeckt. So dauerte es auch bis 1952, bis trotz intensiver Suche und einer Flugblattaktion das zweite Exemplar gefangen wurde. Seither sind über 80 Stück der Wissenschaft bekannt geworden.

Das spätestens mit dem Ende des Erdmittelalters erfolgte Abwandern der Quastenflosser in eine Meerestiefe, die nicht der eigentlichen Flachsee entspricht, macht auch verständlich, warum keine Fossilfunde aus der Tertiärzeit bekannt wurden. Die paläo- und mesozoischen Reste von (marinen) Quastenflossern stammen sämtlich aus Flachmeerablagerungen.

Die anatomische Untersuchung der seit dem ersten Exemplar gefangenen Quastenflosser zeigte zahlreiche altertümliche Merkmale (z. B. winziges Gehirn, primitiv gebautes Herz, Spiraldarm, kein Nasen-Rachen-Gang, knorpeliges, weitgehend unverknöchertes Skelett), zu denen die Kosmoidschuppen und die als typische, gestielte Quastenflossen ausgebildeten paarigen Flossen kommen, neben abgeleiteten Eigenschaften (Ovoviviparie, d. h. Entwicklung der Embryonen vom Ei zum voll entwickelten Jungfisch im Eileiter; keine Schwimmblase, sondern ein Fettsack, wie er auch von anderen Tiefseefischen bekannt ist; rote Blutkörperchen ähnlich den Lurchen; Schädelbau evoluierter als bei mesozoischen Quastenflossern).

Als ganzes betrachtet ist die *Latimeria chalumnae* zweifellos ein „lebendes Fossil" mit zahlreichen altertümlichen Merkmalen, jedoch auch etlichen, vor allem mit dem derzeitigen Lebensraum in Zusammenhang stehenden Spezialisationserscheinungen. Schon deshalb kann die *Latimeria chalumnae* nicht als Modell für die Rekonstruktion jener paläozoischen Quastenflosser herangezogen werden, welche die Ahnen der Landwirbeltiere waren.

Neopilina galatheae — das „Ur-Mollusk"?

War die Entdeckung von *Latimeria chalumnae* eine echte Überraschung für die Zoologen, so muß jene von der *Neopilina galatheae* als richtige Sensation bezeichnet werden. Für den Laien sind diese erstmals im Jahr 1952 durch die dänische Tiefsee-Expedition mit dem Forschungsschiff „Galathea" im Pazifischen Ozean vor der Küste von Costa Rica in einer Tiefe von 3590 m entdeckten Tiere unscheinbare Meerestiere (Abb. 92, 2. Reihe Mitte). Es sind kleine Weichtiere, also Mollusken, mit einer an Napfschnecken (Patellen) erinnernden Schale, wie man sie an Felsküsten oft in großer Zahl beobachten kann.

Was diese als *Neopilina galatheae* beschriebenen Weichtiere jedoch von Napfschnecken unterscheidet, ist weniger die dünnere Schale, als vielmehr die paarigen Haftmuskeleindrücke

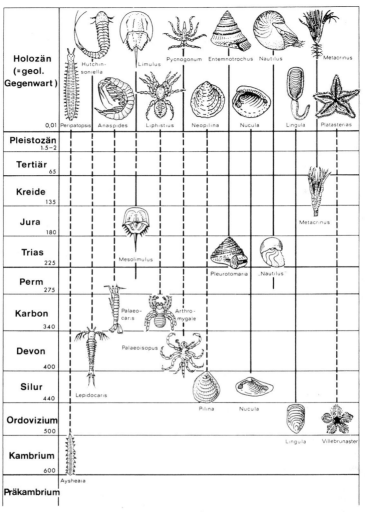

Abb. 92. „Lebende Fossilien" unter den Wirbellosen (Auswahl) und ihre fossilen Verwandten. *Liphistius = Lipistius. Strichliert* fossil nicht nach-gewiesen

an der Schaleninnenseite. Bei den Napfschnecken ist nur ein einheitlicher, hufeisenförmiger Muskeleindruck vorhanden. Derartige napfförmige Schalen mit paarigen Muskeleindrücken sind längst aus dem Altpaläozoikum bekannt. Sie wurden ursprünglich auf Napfschnecken bezogen, bis der Weichtierforscher W. Wenz sie im Jahr 1938 von den Napfschnecken als eigene Ordnung innerhalb der Schnecken (Gastropoda) abtrennte. Wenig später wurden diese paläozoischen Formen wegen dieser paarig angeordneten Muskeleindrücke sogar als eigene Klasse (Napfschaler oder Monoplacophora) abgetrennt, da man diese Muskeleindrücke als Hinweis auf eine bei den Stammformen der Weichtiere vorhandenen Gliederung in Form einer echten Segmentierung (Metamerie) deutete.

Die Bedeutung der Entdeckung von *Neopilina* liegt demnach nicht nur im Nachweis einer seit mehr als 350 Millionen Jahren für ausgestorben gewähnten Tiergruppe, sondern gegebenenfalls auch in ihrer stammesgeschichtlichen Rolle, die bereits frühzeitig zum Begriff „Ur-Mollusk" führte. Konnte man doch an den Schalen der fossilen Napfschaler (z. B. *Pilina, Tryblidium*) nur Aussagen über die Zahl der Muskeln, nicht jedoch über Zahl und Ausbildung der übrigen Organe, wie Kiemen, Exkretionsorgane, Nerven- und Blutgefäßsystem machen. Schon daraus wird das Interesse der Zoologen und Paläontologen verständlich, mit dem die im Jahr 1957 erfolgte Beschreibung dieses ersten lebenden Napfschalers durch H. Lemche aufgenommen wurde. Seither ist es wiederholt zur Diskussion um diese Weichtiere und ihre stammesgeschichtliche Bedeutung gekommen, indem ihre Abtrennung als eigene Weichtierklasse ebenso angezweifelt wurde, wie ihre Bedeutung als „Ur-Mollusken". Worin liegt nun tatsächlich die Bedeutung von *Neopilina galatheae?*

Wie die Anatomie dieser und einiger weiterer, seither in fast allen Ozeanen entdeckten Napfschaler-Arten *(Neopilina ewingi, N. brunni, Vema hyalina)* gezeigt hat, kann von einer echten (metameren) Gliederung der Leibeshöhle (Coelom), wie sie etwa bei einem Ringelwurm vorhanden ist, nicht die Rede sein (5 Paar Kiemen, 6 Paar Nierenorgane, 8 Paar Rückziehermuskeln des Fußes, 10 Paar seitliche Verbindungen der Hauptnervenstränge). Dadurch ist jedoch der Annahme einer stammesgeschichtlichen Ableitung der Weichtiere von ringelwurmartigen Ahnenformen die Grundlage entzogen. Die Mollusken haben sich wohl von wurmartigen, jedoch nicht metamer gegliederten Formen entwickelt. Weiters ist hinzuzufügen, daß *Neopilina* nicht als „Ur-Mollusk", sondern bestenfalls als „Ur-Conchifer" bezeichnet werden kann. Als Conchiferen werden die Napfschaler (Monoplacophora), Schnecken (Gastropoda), Kahnfüßer (Scaphopoda), Muscheln (Bivalvia) und Kopffüßer (Cephalopoda) zusammengefaßt.

Ungeachtet dieser Feststellungen ist *Neopilina galatheae* ein „lebendes Fossil". Auch hier erhebt sich die Frage, wieso diese Mollusken seit dem Altpaläozoikum fossil nicht bekannt sind und die lebenden Arten so lange unentdeckt blieben. Die rezenten Monoplacophoren leben meist in größerer Meerestiefe, so daß auch hier angenommen werden kann, daß die Monoplacophoren im Lauf der Erdgeschichte von Flachmeerbewohnern zu Tiefseeformen wurden.

Mit den beiden etwas ausführlicher besprochenen Beispielen ist bereits aufgezeigt, daß manche altertümliche Tierformen in der Tiefsee eher überlebten als etwa Flachmeerbewohner. Diese Feststellung wird bestätigt durch weitere „lebende Fossilien" der Tiefsee, wie etwa die Schlitzbandschnecken (Pleurotomarien: *Entemnotrochus, Mikadotrochus*), Tiefseetintenfische *(Vampyroteuthis infernalis)*, Muscheln (Protobranchia: *Nucula*-Arten sowie *Nuculana, Malletia, Yoldiella* usw.), Seelilien (Crinoiden: *Rhizocrinus, Metacrinus, Bathycrinus*), Armfüßer (Brachiopoden: *Terebratulina, Gwynia*), Glasschwämme (Hyalospongea: *Euplectella*), verschiedene Krebse (z. B. Eryonidae: *Willemoesia,* Ostracoda: *Thaumatocypris* und *Abyssocythereis*), Asselspinnen *(Pycnogonum),* Lederseeigel (Echinothuridae) (s. Abb. 92) und Fische *(Hexanchus griseus,* der Grauhai) (s. Abb. 91). Ihre fossilen Verwandten sind meist aus mesozoischen Ablagerungen bekannt und unterscheiden sich nur wenig von den rezenten Arten.

Nautilus — das Perlboot

Auch das Perlboot (Gattung *Nautilus*) ist kein richtiger Flachmeerbewohner. *Nautilus* lebt in Meerestiefen von 50 bis zu

178

600 m. Sein Hauptverbreitungsgebiet ist der südwestliche Pazifik und reicht von den Philippinen über Neukaledonien und die Fidschi-Inseln bis Samoa. Lokale Vorkommen sind aus dem Indischen Ozean bekannt. Das Perlboot zählt als einziger beschalter „Tintenfisch" zu den klassischen „lebenden Fossilien" (s. Abb. 92).

Bereits im Kapitel V wurde die Geschichte der Kopffüßer (Cephalopoda) in den Grundzügen geschildert. *Nautilus* ist die einzige rezente Gattung der im Paläozoikum arten- und formenreich entfalteten und damals weltweit verbreiteten Nautiloidea (vgl. Abb. 50). Das in einer Ebene aufgerollte und gekammerte Gehäuse dient als hydrostatischer Apparat. Verglichen mit den Tintenfischen oder besser Tintenschnecken, wie Sepien *(Sepia)*, Kalmaren *(Loligo)* und Kraken *(Octopus)*, die — sofern überhaupt — nur ein Innenskelett (z. B. Schulp, Gladius) besitzen, ist das Außengehäuse von Nautilus als altertümlich zu bezeichnen. Dennoch sind, wie die Anatomie zeigt, nicht alle Merkmale als primitiv zu bewerten. Altertümlich sind das Lochkamera-Auge, das Nervensystem und der aus zwei Lappen bestehende Trichter in der Mantelhöhle. Die vier Kiemen, die große Zahl der sog. Cirren, also Tentakel, die verkalkten Kiefer und das Fehlen eines Tintenbeutels hingegen bilden entweder abgeleitete oder indifferente Merkmale. Das heißt, daß — ähnlich wie bei der *Latimeria* — nicht sämtliche Merkmale altertümlich sind. Dennoch muß auch hier festgestellt werden, daß sich die Gattung *Nautilus*, die gegenwärtig mit einigen wenigen Arten (z. B. *Nautilus pompilius, N. umbilicatus, N. macromphalus*) auf ein Schrumpfareal beschränkt ist und im System der rezenten Kopffüßer völlig isoliert steht, seit Jahrmillionen nicht oder nur wenig verändert hat. Dies überrascht um so mehr, wenn man berücksichtigt, daß sich innerhalb der gleichen Zeit ganze Gruppen von Wirbeltieren (z. B. Reptilien, Vögel, Säugetiere) zu einer riesigen Artenfülle und Formenfülle entwickelt haben. Auch hier erhebt sich die Frage: Was hat zum Überleben dieser Arten beigetragen? Bei einem anderen klassisch gewordenen „lebenden Fossil", nämlich der Brückenechse, läßt sich die Frage schon eher beantworten.

Die Brückenechse — älter als die Dinosaurier

Mit der Brückenechse oder Tuatara *(Sphenodon punctatus)* von Neuseeland ist ein landbewohnendes „lebendes Fossil" genannt. Sie lebt gegenwärtig nur auf einigen Inselchen in der Cook-Straße und vor der Nordküste der Nordinsel und steht dort unter völligem Schutz. Bis zur Mitte des vorigen Jahrhunderts war sie auch auf der Nordinsel selbst beheimatet. Sie ist dort ausgerottet worden.

Jeder, der Gelegenheit hat, eine Brückenechse in einem Zoo zu sehen, fragt sich, was an dieser „Eidechse" wohl so bemerkenswert ist. Denn die Tuatara, wie sie von Maoris, den Eingeborenen Neuseelands, bezeichnet wird, unterscheidet sich äußerlich kaum von einer großwüchsigen Eidechse, und selbst der englische Zoologe J. E. GRAY, der sie 1831 entdeckte, beschrieb sie ursprünglich als Agamenart (s. Abb. 91). Erst die anatomische Untersuchung zeigte, daß die Brückenechse überhaupt keine Eidechse ist, sondern der Ordnung der Schnabelköpfe (Rhynchocephalia) angehört. Im Gegensatz zu allen anderen lebenden Schuppenkriechtieren besitzt die Brückenechse zwei knöcherne Schläfenspangen. Darauf bezieht sich auch der bereits 1868 eingeführte Namen Brückenechse. Die untere knöcherne Schläfenbrücke ist bei den Eidechsen und Schlangen rückgebildet worden.

Die Brückenechse ist das altertümlichste lebende Reptil. Schildkröten und Krokodile können zwar gleichfalls auf ein ehrwürdiges stammesgeschichtliches Alter zurückblicken, doch sind die heutigen Arten gegenüber ihren mesozoischen Verwandten entsprechend evoluiert. Nach der Fossildokumentation erlebten die Rhynchocephalia im älteren Mesozoikum ihre stammesgeschichtliche Blütezeit. Zahlreiche zum Teil großwüchsige und hochspezialisierte Arten und eine nahezu weltweite Verbreitung zur Trias-Zeit dokumentieren, daß die Rhynchocephalia bereits zu einer Zeit, in der sich die Dinosaurier erst zu entfalten begannen, formenreich verbreitet waren. Man kann fast sagen, mit der Entfaltung der Dinosaurier in der Jura- und Kreide-Zeit wurden die Schnabelköpfe mehr und mehr zurückgedrängt. Aus der Jura-Zeit sind mit *Homoeo-*

saurus aus Europa Brückenechsen bekannt geworden, die sich im Skelett kaum von der lebenden Art unterscheiden. Also auch hier die Stagnation der stammesgeschichtlichen Entwicklung. Die Lebensweise der Brückenechse entspricht allerdings nicht jener altertümlichen Reptilien. Die Tuatara ist ein höhlenbewohnendes Dämmerungs- und Nachttier, das bei niedriger Temperatur (um 12°C) am aktivsten ist. Sicher eine sekundäre Anpassung, die jedoch nicht die altertümlichen Skelettmerkmale aufwiegt. Das Überleben der Brückenechse ist zweifellos der Isolation auf Neuseeland zuzuschreiben, wo entsprechende Feinde und Konkurrenten fehlten, wie überhaupt Neuseeland *das* Land der „lebenden Fossilien" ist.

Neuseeland beherbergt gegenwärtig mit den „Ur"-Fröschen (Gattung *Leiopelma*), den Kiwis oder Schnepfenstraußen (Gattung *Apteryx*), Stummelfüßern (Gattung *Peripatopsis*), Muschelkrebsen (Ostracoda: *Punica*) und anderen Kleinkrebschen (Bathynellacea: *Notobathynella*) unter den Tieren, mit Araukarien *(Araucaria)*, Südbuchen *(Nothofagus)* sowie Baumfarnen (z. B. *Dicksonia*) unter den Pflanzen zahlreiche altertümliche Elemente, von denen die Mehrzahl als „lebende Fossilien" bezeichnet werden können. Fossile Verwandte aus dem Erdmittelalter und vereinzelt auch aus dem Erdaltertum weisen auf das hohe erdgeschichtliche Alter der genannten Gruppen hin, deren Angehörige sich dank der Isolation auf Neuseeland erhalten haben. Interessant ist ferner, daß die nächsten lebenden Verwandten meist nicht in Australien, sondern in Chile vorkommen. Ein Verbreitungsbild, wie es für manche altertümliche Faunen- und Florenelemente kennzeichnend ist und wie es aus der einstigen paläogeographischen Situation verständlich wird.

Australien — Kontinent der „lebenden Fossilien"

Australien als Heimat der Eierleger (Monotremata) und der Beuteltiere (Marsupialia) übt seit altersher auf Biologen und vornehmlich auf Zoologen einen besonderen Reiz aus. Beherbergt doch dieser Kontinent eine Reihe interessanter Tiere, die sonst nirgends auf der Erde vorkommen.

Zu den bekanntesten Endemiten zählt der australische Lungenfisch *(Neoceratodus [= „Epiceratodus"] forsteri)* als Angehöriger der Dipnoi, die uns bereits im Kapitel V begegneten. Die Entdeckung dieser Art durch G. KREFFT im Jahr 1870 war eine wissenschaftliche Sensation. Nicht deshalb, weil *Neoceratodus forsteri* Lungen besitzt, sondern weil die Zähne dieser Art nicht von jenen Zahnplatten zu unterscheiden waren, die bereits Jahrzehnte vorher aus Triasablagerungen Europas als *Ceratodus* beschrieben worden waren. Sie sind in den kontinentalen Ablagerungen der germanischen Trias, die ein Alter von annähernd 200 Millionen Jahren haben, nicht allzu selten, so daß man annehmen kann, daß diese Lungenfische in den damaligen Süßwässern häufig waren. KREFFT beschrieb die australische Art daher auch als *Ceratodus forsteri*. Erst spätere, eingehende Vergleiche führten zur gattungsmäßigen Abtrennung wegen Unterschieden im Schädelbau.

Rezente Lungenfische waren damals bereits aus Südamerika und Afrika bekannt, doch waren diese viel evoluierter als ihr australischer Verwandter (s. Abb. 51). Nur der australische Lungenfisch kann als „lebendes Fossil" bezeichnet werden, da er sich im Aussehen, durch die Ausbildung der Flossen und der Beschuppung nicht von jenen des älteren Mesozoikums unterscheidet. Der Schädel ist etwas evoluierter, anstelle von (den ursprünglich) zwei Lungensäcken ist nur einer ausgebildet, die Fische verfallen nicht in einen Trockenschlaf wie die heutigen Lungenfische aus Südamerika und Afrika, die durch ihren aalförmigen Körper, die fadenförmigen Brust- und Bauchflossen sowie die Rückbildung des Schuppenkleides deutlich von den mesozoischen Lungenfischen verschieden sind.

Was ist nun mit den Eierlegern? Sind es gleichfalls „lebende Fossilien"? Die Eierleger sind heute mit dem Schnabeltier *(Ornithorhynchus anatinus)* und den Schnabeligeln *(Zaglossus* und *Tachyglossus* [= „*Echidna*"]) auf die australische Region (Australien, Neuguinea und Tasmanien) beschränkt. Es sind wohl Säugetiere im taxonomischen Sinn, doch unterscheiden sie sich durch etliche altertümliche Merkmale (Art der Fortpflanzung, Bau des Schädels und Gehirns, des Schultergürtels und des Beckens, Neugeborene mit Eizahn, keine Zitzen, Ohrmuscheln praktisch fehlend) von sämtlichen anderen Säugetieren, so daß sie besser als Therapsiden klassifiziert werden sollten. Die Jungtiere werden übrigens nicht gesäugt, sondern sie lecken die aus den Milchdrüsen austretende Flüssigkeit auf, die Regelung der Körpertemperatur ist unvollkommen u. dgl. mehr. Neben diesen als Reptilmerkmale zu wertenden Eigenheiten sind jedoch etliche hochspezialisierte Merkmale vorhanden, wie eine Giftdrüse, ferner Hornschnabel und Schwimmhäute beim Schnabeltier, völlige Gebißreduktion, „Schnabel" und das Stachelkleid bei den Schnabeligeln. Merkmale, wie sie den mesozoischen Vorfahren der Eierleger zweifellos fehlten. Daher können weder das Schnabeltier noch die Schnabeligel als „lebende Fossilien" bzw. als Modellformen für einstige Eierleger gelten.

Immerhin gibt es noch weitere „lebende Fossilien" in Australien. Es sind Verwandte jener Arten, die uns bereits in Neuseeland begegneten, wie etwa die Stummelfüßer (Peripatopsiden) und Kleinkrebschen (z. B. *Anaspides*) unter den Tieren, Südbuchen *(Nothofagus)*, Stieleiben (Podocarpaceen), Palmfarne (Cycadales: *Macrozamia*) und Baumfarne unter den Pflanzen. Sie konnten sich durch die Isolation, welcher der australische Kontinent seit der Trennung vom Gondwanakontinent ausgesetzt war, erhalten. Aber auch in den australischen Meeren finden sich „lebende Fossilien". Vom Perlboot, das mit der Art *Nautilus repertus* vor der West- und Südküste Australiens vorkommt, war bereits die Rede. Ein anderes Weichtier ist die Muschel *Neotrigonia,* welche zwar die einzige Überlebende der im Erdmittelalter arten- und formenreichen sowie weltweit verbreiteten Trigoniacea ist, jedoch nicht direkt als „lebendes Fossil" zu bezeichnen ist.

Sonstige „lebende Fossilien"

Die bisher mehr oder weniger ausführlich besprochenen „lebenden Fossilien" unter den Tieren sind sowohl Angehörige der Wirbeltiere (z. B. *Latimeria, Sphenodon, Neoceratodus*) als auch der Wirbellosen (z. B. *Neopilina, Nautilus*). Wie die Abb. 91 zeigt, sind weiters die nordamerikanischen Knochenhechte *(Lepisosteus)* als Ganoidfische, der den Stammformen der Schlangen nahestehende Taubwaran *(Lanthanotus)* aus Borneo und etliche „echte" Säugetiere gleichfalls als „lebende Fossilien" zu bezeichnen. Zu letzteren zählen die neuweltlichen Beutel-

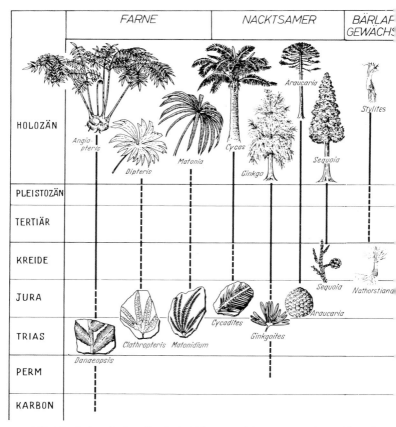

Abb. 93. „Lebende Fossilien" des Pflanzenreiches (Auswahl) und ihre fossilen Verwandten. *Angiopteris* als Angehöriger der Marattiaceen, *Stylites* als solcher der Brachsenkräuter (Isoëtaceen)

ratten *(Didelphis)*, die Frettkatze *(Cryptoprocta)* von Madagaskar sowie aus Südostasien die Spitzhörnchen *(Tupaia)*, Schabrackentapir *(Tapirus)* und Halbpanzernashörner *(Dicerorhinus)*.

Anhand der Abb. 92 läßt sich erkennen, daß unter den Wirbellosen außer den schon genannten auch Schwertschwänze

(z. B. *Limulus*), Spinnen *(Lipistius = „Liphistius")* und Kleinkrebse *(Hutchinsoniella)* als Angehörige der Gliederfüßer
(Arthropoda) ebenso vertreten sind, wie etwa solche der Armfüßer (*Lingula*, die Zungenmuschel) und der Stachelhäuter
(*Platasterias* als Vertreter der Somasteroidea). Manche von
ihnen sind — als Gattung — erdgeschichtlich außerordentlich alt.

Von den Pflanzen wurden bereits *Ginkgo biloba* als einziger
lebender Vertreter der Ginkgophyten, ferner Palmfarne (Cyca-
deen mit *Cycas* usw.), Baumfarne (z. B. *Dicksonia*), Araukarien
(Araucaria), Stieleiben (Podocarpaceen) und Südbuchen *(Nothofagus)* genannt. Dazu kommen die mit wenigen Arten auf das
indomalayische Tropengebiet beschränkten Dipteridaceen
(Dipteris) und Matoniaceen *(Matonia)* als altertümliche Farne,
Stylites aus Südamerika als erdgeschichtlich altes Bärlapp-
gewächs und schließlich auch die Taxodiaceen (z. B. *Sequoia,
Sequoiadendron, Metasequoia, Taxodium, Glyptostrobus*) unter
den Koniferen (Abb. 93). Letztere waren zur Tertiärzeit über die
ganze nördliche Hemisphäre verbreitet. Heute sind sie nur mehr
in räumlich beschränkten Arealen Nordamerikas und des
östlichen Asiens heimisch (vgl. Kapitel VIII).

Vergleicht man die räumliche Verbreitung landbewohnender
„lebender Fossilien", so zeigt sich, wenn man von Inseln (z. B.
Neuseeland, Madagaskar) und Inselkontinenten (Australien)
absieht, ein relativ häufiges Vorkommen in den (sub-)tropischen
Urwaldgebieten Südostasiens und des südlichen Ostasien. Es
sind dies Gebiete, die weder durch eine Kontinentaldrift in
höhere geographische Breiten noch durch die eiszeitlichen
Klimaschwankungen wesentlichen klimatischen Veränderungen
ausgesetzt waren als etwa die Hyläa Südamerikas oder Zentral-
afrikas.

Wieso gibt es überhaupt „lebende Fossilien"?

Eine Antwort auf diese Frage wurde in den vorhergehenden
Abschnitten bereits teilweise vorweggenommen. Das gemeinsame der „lebenden Fossilien" ist das stammesgeschichtlich
konservative Verhalten über längere Zeiten hinweg. Sind es
äußere Einflüsse oder innere Ursachen oder beides? Obwohl eine

Beantwortung dieser Fragen für den Paläontologen nur schwer möglich ist, sei sie versucht.

„Lebende Fossilien" finden sich innerhalb sämtlicher größerer systematischer Einheiten im Tier- und im Pflanzenreich. Sie leben in den verschiedensten Lebensräumen, angefangen von der Tiefsee bis zur Küstenregion, vom Grundwasser über Moore bis zu Flüssen und Seen, vom Niederungswald bis zu Montanwäldern. Sie fehlen praktisch in den Halbwüsten und Wüsten, in der Arktis ebenso wie im Hochgebirge.

Bemerkenswert ist, daß stets nur einzelne Arten, nicht jedoch ganze Faunen und Floren mehr oder weniger unverändert Jahrmillionen überdauern. Selbst in begrenzten Arealen, wie auf Inseln (z.B. Neuseeland) oder in Seen (z.B. Baikalsee, Ochridsee) ist dies nicht der Fall, da neben altertümlichen Arten stets spezialisierte auftreten.

Die Frage des Überlebens „lebender Fossilien" ist eng mit jener des Aussterbens verknüpft. Bereits im Kapitel V wurde darauf verwiesen, daß weniger stark angepaßte Arten langlebiger sind als hochspezialisierte Formen. Je weniger der Lebensraum einem plötzlichen Wandel unterworfen ist, um so besser sind die Überlebenschancen. Daher ist der Anteil „lebender Fossilien" in der Tiefsee, im Grundwasser und beim Mesopsammon (Sandlückenbewohner), in der Streuschicht und in Urwaldgebieten größer als in der Flachsee, im Gezeitenbereich oder in Bergbächen, Savannen, Steppen und Wüsten.

Es sind jedenfalls verschiedene Faktoren, wie etwa Isolation, konstante ökologische Bedingungen, Fehlen von Feinden und Konkurrenten u. dgl., die zum Überleben stammesgeschichtlicher Konservativtypen führen und damit nicht nur dem Zoologen und Botaniker, sondern auch dem Paläontologen wertvolle Hinweise auf einstige Tiere und Pflanzen zu geben vermögen.

Tabelle. *Zeittafel der Erdgeschichte*

Zeitalter	Periode	Epoche oder Stufe	Jahre in Mill.	Tier- und Pflanzenwelt	Zeitalter
KÄNOZOIKUM (Erdneuzeit)	QUARTÄR	Holozän (Jetztzeit)	0,01	ZEITALTER DER SÄUGETIERE	KÄNOPHYTIKUM
		Pleistozän (Eiszeit)	1,8		
	TERTIÄR (Braunkohlenzeit)	Pliozän Miozän Oligozän Eozän Paleozän	65	Erscheinen des Menschen UND DER BEDECKTSAMER (Angiospermen) Entfaltung der Säugetiere	
MESOZOIKUM (Erdmittelalter)	KREIDE	Oberkreide		Aussterben der Dinosaurier, Flug- und Fischechsen u. der Ammoniten ZEITALTER	MESOPHYTIKUM
		Unterkreide	135		
	JURA	Malm Dogger Lias	192	Urvogel (*Archaeopteryx*) DER REPTILIEN	
	TRIAS	Rhät Nor Karn Ladin Anis Skyth	225	1. Säugetiere UND DER NACKTSAMER (Gymnospermen)	
PALÄOZOIKUM (Erdaltertum)	PERM	Zechstein		Aussterben der Trilobiten 1. Säugetierähnliche Reptilien	PTERIDOPHYTIKUM
		Rotliegend	280		
	KARBON — PENNSYLVANIAN	Stephan Westfal		Steinkohlenwälder aus Farnen, Bärlapp- und Schachtelhalmgewächsen 1. Reptilien	
	KARBON — MISSISSIPPIAN	Namur Dinant	345		
	DEVON		395	1. Amphibien und älteste Insekten, Nacktpflanzen (Psilophyten)	
	SILUR (GOTLANDIUM)		430	1. Landpflanzen	EOPHYTIKUM
	ORDOVIZIUM		500		
	KAMBRIUM		570	1. Fische (Kieferlose) Wirbellose u. marine Pflanzen	
	PRÄKAMBRIUM		ca. 4600	Älteste Fossilien	

Literatur

(Weitere Literaturhinweise siehe im Quellenverzeichnis der Abbildungen)

AWRAMIK, S. M.: The Gunflint microbiota. Precambr. Res. 5, 121–142 S., 1977

BACON, F.: The new organon and related writings. London: Anderson 1620

BARTHEL, K. W.: Solnhofen. 1–393 S. Thun: Ott-Verlag 1978

BETTENSTAEDT, F.: Wechselbeziehungen zwischen angewandter Mikropaläontologie und Evolutionsforschung. Bericht. Naturforsch. Ges., Beih. 5, 337–391 S. Hannover 1968

BRAIN, C. K.: The contribution of Namib desert hottentots to an understanding of australopithecine bone accumulations. Scient. Pap. Namib Desert Res. Stat. 39, 13–22 S. SW-Afrika 1969

BROILI. F.: Ein Rhamphorhynchus mit Spuren von Haarbedeckung. Sitz. Ber. Bayer. Akad. Wiss., math.-naturw. Abt., Jg. 1927, 49–67 S. München 1927

COLBERT, E. H.: Wandering lands and animals. XXI und 325 S. London: Hutchinson 1974

DAWSON, J. W.: On fossil plants from the Devonian rocks of Canada. Quart. J. geol. Soc. London 11. London 1859

EDINGER, T.: Evolution of the horse brain. Mem. Geol. Soc. Amer. 25, XIII und 177 S. USA 1948

ERBEN, H.-K.: Die Entwicklung der Lebewesen. 1–518 S. München: Piper 1975

ERBEN, H.-K., HOEFS, J., WEDEPOHL, K. H.: Palaeobiological and isotope studies of eggshells from a declining dinosaur species. Palaeobiology 5 (4), 380–414 S. Lawrence 1979

FLEISCHER, G.: Hearing in extinct Cetaceans as determined by cochlean structure. J. Paleont. 50, 133–152 S. Lawrence 1976

FRANKE, H. W.: Methoden der Geochronologie. Verständl. Wiss. 98, VIII und 132 S. Berlin-Heidelberg: Springer 1969

FRANZEN, J.: Urpferdchen und Krokodile. Messel vor 50 Millionen Jahren. Kleine Senckenberg-Reihe 7, 1–36 S. Frankfurt

GRABERT, H.: Die Biologie des Präkambrium. Zbl. Geol. Paläont. I, Jg. 1972 (5/6), 316–346 S. Stuttgart 1973

HAUFF, B.: Das Holzmadenbuch. 1–54 S. Öhringen: F. Rau 1953

HEBERER, G., WENDT, H. (Hrsg.): Entwicklungsgeschichte der Lebewesen. Grzimeks Tierleben, Erg. Bd. 1–590 S. München: Kindler 1972

HENKE, W., ROTHE, H.: Der Ursprung des Menschen. 5. Aufl., 1–205 S. Stuttgart: Fischer 1980

HÖLDER, H.: Die Entwicklung der Paläontologie im 19. Jahrhundert. Naturwiss., Technik & Wirtschaft im 19. Jahrhundert *1*, 107–134 S. Göttingen: Vandenhock & Ruprecht 1976

JOHANSON, D. C., WHITE, T. D., COPPENS, Y.: A new species of the genus Australopithecus (Primates: Hominidae) from the Pliocene of Eastern Africa. Kirtlandia No. *28*, 1–14 S. Cleveland 1978

JURASKY, K. A.: Die Mazerationsmethoden in der Paläobotanik. Handb. biol. Arb. meth. *11*, 331–352 S. Wien 1931

KIDSTON, R., LANG, W. H.: On Old Red Sandstone plants. Trans. Roy. Soc. Edinburgh *51*, *52*, 761–784; 603–627, 643–680, 831–902 S. Edinburgh 1917–1921

KRAUS, O.: Internationale Regeln für die Zoologische Nomenklatur. VIII und 90 S. Frankfurt/M.: Senckenberg naturf. Ges. 1962

KRUMBIEGEL, G.: Die tertiäre Pflanzen- und Tierwelt der Braunkohle des Geiseltales. Neue Brehm-Bücherei *237*, 1–156 S. Wittenberg 1959

LEHMANN, U.: Paläontologisches Wörterbuch. 2. Aufl., VIII und 440 S. Stuttgart: Enke 1977

LEMCHE, H.: A new living deep-sea mollusc of the Cambro-Devonian class Monoplacophora. Nature *179* (4556), 413–416 S. London 1957

LILIENTHAL, TH. CH.: Die gute Sache der göttlichen Offenbarung. 1–247 S. Königsberg: Hartung 1756

MARSHALL, L. G.: Evolution of the carnivorous adaptive zone in South America. In: HECHT, M. K., GOODY, P. C., HECHT, B. M. (eds.): Major patterns in vertebrate Evolution. 709–721 S. New York-London: Plenum Press 1977

MAYR, E.: Grundlagen der zoologischen Systematik. 1–370 S. Hamburg: Parey 1975

OSCHE, G.: Die Welt der Parasiten. Verständl. Wiss. *87*, VIII und 159 S. Berlin-Heidelberg: Springer 1966

— Zur Evolution optischer Signale bei Blütenpflanzen. Biol. in unserer Zeit *9* (6), 161–170 S. Weinheim 1979

POMPECKJ, J. F.: Das Ohrskelett von Zeuglodon, Senckenbergiana *4*, 43–100 S. Frankfurt/M. 1922

REICHERT, C.: Über die Visceralbogen der Wirbeltiere. Arch. Anat. Physiol., wiss. Medizin 120–222 S. Leipzig 1837

RICHTER, R.: Zur Deutung rezenter und fossiler Mäander-Figuren. Senckenbergiana *6* (3/4), 141–157 S. Frankfurt/M. 1924

RICQLÈS, A. DE: Vers une histoire de la physiologie thermique. C. R. Acad. Sci Paris (D) *275*, 1745–1748 S. Paris 1972

SCHÄFER, W.: Aktuo-Paläontologie nach Studien in der Nordsee. VIII und 666 S. Frankfurt: Kramer 1962

SCHINDEWOLF, O. H.: Paläontologie, Entwicklungslehre und Genetik. VII und 108 S. Berlin: Borntraeger 1936

SCHLEE, D., GLÖCKNER, W.: Bernstein. Bernsteine und Bernstein-Fossilien. Stuttgt. Beitr. Naturkde. (C) *8*, 1–72 S. Stuttgart 1978

SCHÖNWIESE, C. D.: Klimaschwankungen. Verständl. Wiss. *115*, XII und 181 S. Berlin-Heidelberg: Springer 1979

SCHWARZBACH, M.: Das Klima der Vorzeit. 3. Aufl., VIII und 308 S. Stuttgart 1974

SMITH, J. L. B.: Vergangenheit steigt aus dem Meer. 1–253 S. Stuttgart: Günther 1957

SNIDER-PELLEGRINI, A.: La création et ses mystères dévoilés. Paris: Franck und Dentu 1858

STENSIÖ, SON E. A.: The Downtonian and Devonian vertebrates of Spitzbergen. Skriften Spitsbergenekspeditioner *12*, XII und 391 S. Oslo 1927

STOCK, CH.: Rancho La Brea. Los Angeles Country Mus. Sci. Ser. No. 13, Paleont. No. *8*, 1–80 S. Los Angeles 1949

STÜRMER, W., SCHAARSCHMIDT, F., MITTMEYER, H. G.: Versteinertes Leben im Röntgenlicht. Kleine Senckenberg-Reihe No. *11*, 1–80 S. Frankfurt/M. 1980

TEICHMÜLLER, M.: Rekonstruktion verschiedener Moortypen des Hauptflözes der niederrhein. Braunkohle. Fortschr. Geol. Rheinld. und Westfalen *2*, 599–612 S. Krefeld 1958

THENIUS, E.: Lebende Fossilien — Zeugen vergangener Welten. Kosmos-Bibliothek, Nr. *246*, 1–88 S. Stuttgart 1965

— Eiszeiten — einst und jetzt. Kosmos-Bibliothek *284*, 1–64. Stuttgart 1974

— Grundzüge der Faunen- und Verbreitungsgeschichte der Säugetiere, 2. Aufl., 1–375 S. Jena: Fischer 1980

VOGEL, ST.: Florengeschichte im Spiegel blütenökologischer Erkenntnisse. Rhein.-Westfäl. Akad. Wiss. Vorträge *291*, 7–48 S., 1980

WEGENER, A.: Die Entstehung der Kontinente. Geol. Rundschau 3, 276–292 S. Berlin 1912

WEIGELT, J.: Rezente Wirbeltierleichen und ihre paläobiologische Bedeutung. XVI und 227 S. Leipzig: Max Weg 1927

WELLNHOFER, P.: Das fünfte Skelettexemplar von Archaeopteryx. Palaeontographica (A) *147*, 169–216 S. Stuttgart 1974

— Pterosauria. Handb. Paläoherpet. *19*, X und 82 S. Stuttgart: Fischer 1978

Quellenverzeichnis der Abbildungen

Die Abbildungen stammen, sofern es nicht Originalaufnahmen oder Originalskizzen sind, aus folgenden Werken:

Abb. 7 — BACHMAYER, F., Universum, Natur und Technik, Sonderheft, Wien 1957

Abb. 8 a–b — KIESLINGER, A., Natur und Technik *1*, Wien 1947

Abb. 8 c — AMMON, L. v., Abh. Bayer. Akad. Wiss., math.-naturw. Kl. 15, München 1886

Abb. 10 — LUNDIN, R. F., J. Paleont. 52, Tulsa 1978

Abb. 11, 12 — FRANZEN, J., Kl. Senckenberg-Reihe No. 7, Frankfurt/M. 1977

Abb. 13 — VOIGT, E., Nova Acta Leopold., n. F. 3, No. 14, Halle 1935

Abb. 15 — ABEL, O., Vorzeitliche Lebensspuren. — Jena: Fischer 1935

Abb. 17 — MÜLLER, K. J., Lethaia 12, Oslo 1979

Abb. 21, 22 — ZAPFE, H., Natur und Volk 87, Frankfurt 1937

Abb. 24 c — BACHMAYER, F., Natur und Technik 13, Wien 1958

Abb. 26 — ACCORDI, B., u. R. COLACICCHI, Geol. Romana 1, Rom 1962

Abb. 27 b — ABEL, O., Vorzeitliche Tierreste im Deutschen Mythos, Brauchtum und Volksglauben. — Jena: Fischer 1939

Abb. 30 — KREJCI-GRAF, K.: Erdöl. — Berlin-Heidelberg: Springer 1955

Abb. 31 a — BLACK, M., u. B. BARNES, J. Roy. Microscop. Soc. 80, London 1961

Abb. 31 b — BLACK, M., Geolog. Magaz. 99, London 1962

Abb. 32 a, b — LEHMANN, W. M., Jber. Mitt. O-rhein. Geol. Ver. n. F. 27, Stuttgart 1938

Abb. 32 c — STÜRMER, W., Paläont. Z. 43, Stuttgart 1969

Abb. 33 a — ROMER, A. S., Vertebrate Paleontology, Chicago 1953

Abb. 33 b — KUHN-SCHNYDER, E., Die Geschichte der Wirbeltiere. — Basel: Schwabe 1953

Abb. 34 — MÄGDEFRAU, K., Paläobiologie der Pflanzen. — Jena: Fischer 1956

Abb. 35 a, b — BACHMANN, A., u. A. KECK, Mikrokosmos. — Stuttgart 1969

Abb. 37, 50, 53 — THENIUS, E., Allgemeine Paläontologie. — Wien: Prugg 1976

Abb. 38 — GROSS, W., Paläont. Z. 31, Stuttgart 1957

Abb. 40, 41 — GRABERT, B., Abh. Senckenberg. naturf. Ges. 496, Frankfurt/M. 1957

Abb. 42 — SIMPSON, G. G., Horses. — New York: Oxford Univ. Press 1951

Abb. 45 — ROMER, A. S., Breviora 344, Cambridge, Mass. 1970

Abb. 47 — KOENIGSWALD, G. H. R., Die Geschichte des Menschen. — Berlin-Heidelberg: Springer 1968

Abb. 48 a, b — SIMONS, E. L., Postilla 57, New Haven 1961

Abb. 48 c — SIMONS, E. L., Proc. Natl. Acad. Sci. 51, Philadelphia 1964

Abb. 49 — JARVIK, E., Théories de l'évolution des vertébrés. — Paris: Masson 1960

Abb. 52 — THENIUS, E., u. H. HOFER, Stammesgeschichte der Säugetiere. — Berlin-Heidelberg: Springer 1960

Abb. 54 — GLAESSNER, M. F., u. B. DAILY, Rec. S. Austral. Mus. 13, Adelaide 1959

Abb. 57, 87 — THENIUS, E., Meere und Länder im Wechsel der Zeiten. — Berlin-Heidelberg: Springer 1977

Abb. 58 — CHARRIER, G., Atti Rassegn. Tecn. Soc. Ingen. & Archit. n. s. 19, Torino 1965. HOPPING, C. A., Rev. Palaeobot. & Palyn. 2, Amsterdam 1967

Abb. 59 — KLAUS, W., Z. dtsch. geol. Ges. 105, Hannover 1955

Abb. 60 — SEILACHER, A., Marine Geol. 5, Amsterdam 1967

Abb. 61 a, b — SCHINDEWOLF, O. H., Palaeontographica A 111, Stuttgart 1958

Abb. 61 c, d — LEHMANN, U., Ammoniten. — Stuttgart: Enke 1976

Abb. 62 — OSBORN, H. F., The Titanotheras. U.S. Geol. Surv. Monogr. 55, Washington 1929

Abb. 63 — ABEL, O., Lebensbilder aus der Tierwelt der Vorzeit. — Jena: Fischer 1927

Abb. 65 a, b — KRÄUSEL, R., Versunkene Floren. — Frankfurt: Kramer 1950

Abb. 65 b — PETRASCHECK, W. E., Kohle. — Berlin-Heidelberg: Springer 1956

Abb. 66 — AUGUSTA, J., u. Z. BURIAN, Tiere der Urzeit. — Prag: Artia 1956

Abb. 69 — ZAPFE, H., Palaeobiologica 7, Wien 1939

Abb. 70 — THENIUS, E., Carinthia II/151, Klagenfurt 1961

Abb. 71 — ZAPFE, H., Sitz.-Ber. Österr. Akad. Wiss., math.-naturw. Kl. I, 155, Wien 1947

Abb. 73, 74 a, b — SOERGEL, W., Die Fährten der Chirotheria. — Jena: Fischer 1925

Abb. 74 c, d — HUENE, F. v., Die fossilen Reptilien des südamerikanischen Gondwanalandes. — München: Beck 1942

Abb. 77 — WELLS, J. W., Nature 197, London 1963; RAUP, D. M., and ST. M. STANLEY, Principles of Paleontology. — San Francisco: Freeman 1971

Abb. 78 — SLIJPER, E. J.: Riesen des Meeres. — Berlin-Heidelberg: Springer 1962

Abb. 80 — PLUMSTEAD, E. P., in HALLAM, A. (ed.). Atlas of Paleobiogeography. — Amsterdam: Elsevier 1973

Abb.81 — BLACKETT, P. M. S., BULLARD, E., and RUNCORN, S. K., Philos. Trans. Roy. Soc., London 1088, 1965

Abb.82 — KRÖMMELBEIN, K., Zool. Anz. 177, Leipzig 1966. KRÖMMELBEIN, K., in HINTE, J. E. VAN (ed.), Proc. 2nd W.Afric. Micropaleont. Coll. Ibadan, Leiden: Brill 1966

Abb.88 — ZIEGLER, B., Geol. Rundschau 56, Stuttgart 1967

Abb.89 — COX, C. B. in HALLAM, A. (ed.). Atlas of Paleobiogeography. — Amsterdam: Elsevier 1973; ROMER, A. S., Proc. Amer. Philos. Soc. 112. Philadelphia 1968

Abb.90 — VALENTINE, J. W., and E. M. MOORES, Nature 228, London 1970

Sachverzeichnis

(Erdgeschichtliche Zeiteinheiten siehe Zeittabelle auf S. 187;
Kursivzahlen verweisen auf Seiten mit Abbildungen)

Verständliche Wissenschaft

Springer-Verlag Berlin Heidelberg NewYork

ISBN 3-540-10674-X
ISBN 0-387-10674-X